JN101286

中村桂子

生きている不思議を見つめて

藤原書店

生きている不思議を見つめて

目次

I　生きているを見つめ、生きるを考える

2

3

4 人体の不思議に迫る……151

生きている不思議を見つめて

I　生きているを見つめ、生きるを考える

はじめに——昆虫もラジオも

「子どもの頃は昆虫採集が好きだったのですか」と聞かれると困る。ラジオの組み立てに夢中になったこともない。おままごとや着せかえ人形で遊び、本を読み、レコードを聴き……普通の女の子だった。研究仲間に、科学者は昆虫少年かラジオ少年のどちらかだったと言われ、ただ毎日を楽しく生きていた人間は考えこんだ。

大学生になり、DNAの二重らせん構造を知ったことがきっかけで分子生物学を専攻し、以来六〇年、DNAの周囲を巡っているのだが、この毎日も子どもの頃と違わない。〝生きている〟ということそのものがもつ魅力の中にいるという点で。

実は、四〇代半ばになって初めて自分で考えた。なんとも遅い出発だがしかたがない。〝生きている〟ということをトコトン見つめたいと思ったのである。DNA研究が急速に進むにつれて、科学の世界では生きものの構造と機能がわかりさえすればよいというう見方が強くなり、生物研究が〝生きている〟から離れていった。これでは自分で考えるしかない。

それには昆虫少年、ラジオ少年両方の気持が必要である。やっとみんなに追いつけたようだ。その中で、ある時ふっと浮かんだのが「生命誌研究館」という言葉だった。それが浮かぶと同時に、何を考えればよいかも自然にわかってきた。言葉の力である。

「生命誌研究館」という新しい知を創りだす場を創設し、まず、オサムシや藻に始まり、チョウ、クモ、ハチ、イモリなど小さな生きものたちが生きている姿を見つめ、彼らが語る物語の中で〝生きている〟を感じるところから始めた。以来三〇年近い時間が流れた。

生命科学は、生命とあるからには〝生きている〟を見つめているはずなのだが、実はそうではないところが多々ある。問題は〝生命〟という名詞にある。名詞は、明確な概念を示しているようで、むしろ既成概念の中で思考を停止させるところがある。それに比べて、動詞は具体を考えさせる。本書は、生命でなく〝生きている〟〝生きる〟という動きから生まれる物語を綴ったものである。

JT生命誌研究館
（大阪府高槻市）

初出は藤原書店の月刊誌『機』の連載（二〇一五―一九年）であり、それに加筆修正し、まとめた。

1

身近な生きものたちを見つめて

「自然を見なさい」と語るムシ

生命科学は、実験室の中でのモデル生物の研究を中心に進められてきた。もちろんこの研究は重要だが、「生きている」を知るには自然の中にいる身近な生きものに眼を向ける必要がある。生命誌研究館の活動開始時に考えたことである。

岡田節人（ときんど）（初代館長）と大沢省三（初代顧問）という元昆虫少年の一流学者が相談相手という恵まれたスタートであり、大沢顧問を中心とする研究グループができた。

選んだのは甲虫の一種オサムシ。翅（はね）が輝いておりヨーロッパでは「歩く宝石」と呼ばれる。日本にはやや地味な黒い仲間が多くて残念だが、それでも愛好家

オサムシの一種、マイマイカブリの分布

は多い。DNAによる系統解析で興味深いことがわかった。マイマイカブリという種が四つの系統に分かれ、北海道と東北地方北部、東北地方南部、関東から東海・北陸地方、近畿・中国・四国・九州ときれいに棲み分けているのである。

オサムシは飛べないので、同じ仲間でまとまっているのはわかる。ただ、四つの棲息地の境目があまりにも明確なのが気になった。なぜここで分かれたのかと思いながら分布図を発表したところ、古地磁気の測定によって日本列島形成史を調べている地球科学者から連絡があった。

日本列島は、地殻変動で一五〇〇万年前にアジア大陸の一部（現在の中国）が離れたものだ。その後、いくつかの島に分離し、また一緒になるという動きを続ける中、七五〇万年ほど前には大きく四つの島に分かれたのである。一方、DNA系統図は日本のオサムシの起源が一五〇〇万年前であり、四つに分かれたのが七五〇万年前と教えてくれる。生物学者と地球科学者はこの一致に驚いた。地面を這う小さなムシが日本列島形成史を語っているというのだから。

でも考えてみれば、オサムシはずっと地面の上にいたのに、研究者がムシと地面を分けて調べていただけのことである。「自然を見なさい」とムシに教えられた。

近年、地球と生きものの動きを共に見る研究が盛んになり、アフリカ大陸から始まった人類の動きも詳細に解明されている。

子孫を残すためのしくみ

身近な生きものを見る話を続けよう。昆虫の中でも最もよく知られているチョウ、なかでもなじみ深いアゲハチョウである。チョウの幼虫は狭食性(きょうしょく)、つまり食べる葉が限られている。アゲハチョウの中で最も進化しているナミアゲハ、シロオビアゲハなどは柑橘類の葉しか食べない。

そこで母チョウは、多くの緑の葉の中からミカンの仲間を見分け、そこに産卵するのだが、その時役立つのは何か。触覚、眼などが候補にあがるが、意外なことに前脚の先にある毛が化学物質を感じていることがわかった。よく観察すると、葉に止まったメスチョウは、鉤(かぎ)状の脚先で素早く葉を叩く。ドラミングと呼ばれ、この後に毛で傷ついた葉から浸みだす化学物質を感じとり、ミカン類の成分とわかると安心して葉の裏に卵を産みつけるのである。

私たちは、毛の先にある味覚受容体の遺伝子を見出し、そのはたらきを解明した。興味深いのは、脚先の毛が私たちの舌にある味蕾（みらい）と同じ構造であること。味を見るのだから同じであたりまえかもしれないが、改めてチョウとも仲間なのだと実感する。人間は特別という感覚はみごとに消えた。

ミカンの葉の成分の一つであるシネフリンを白い紙に浸みこませたところ、それにも産卵した。葉である必要も緑である必要もなく、ミカンの成分があれば幼虫が育つと判断するのである。

生きものにとっては子孫が続くことが最重要課題であり、それに関連する遺伝子から産卵行動までの全体を解明した例として高い評価を得た研究である。

ところで、アゲハの仲間のギフチョウの幼虫はカンアオイで育つ。そこでチョウ愛好家の吉川寛顧問が、ナミアゲハの卵をカンアオイに、ギフチョウの卵をミカンに置いたところ、ナミアゲハはなんとか育ったがギフチョウはダメだっ

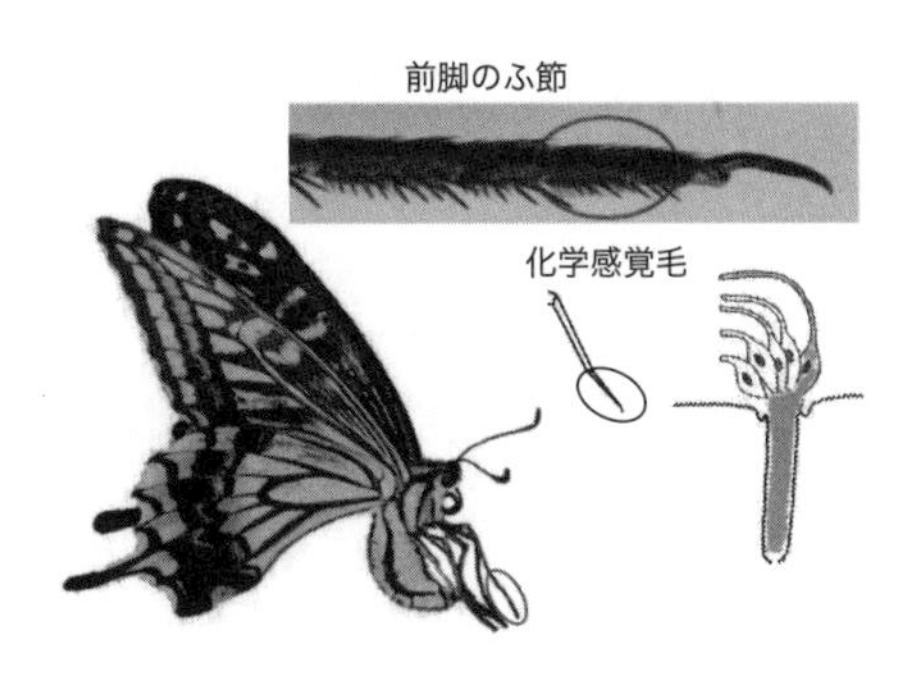

アゲハチョウ味覚細胞

た。実はチョウはナミアゲハ、植物はミカンの方が進化している。つまり進化の進んだチョウは古い植物を利用できたが、古いチョウは新しい植物は利用できなかったのではないか。小さなイタズラが、進化に関する興味深いテーマを示してくれた。

タコがすごい!――タコの祖先はアンモナイト

「えっ本当?!」昼休みの勉強会でタコのゲノム解析の論文紹介を聞いた皆が驚き、さっそくメンバーの一人が「タコしんぶん」をつくってくれた。ゲノムはある生物の細胞内にあるDNAの総体。そこにある遺伝子のはたらきでその生物の形や暮らし方が決まる。

二一世紀初めに完成したヒトゲノム解析プロジェクト(本書一一八頁参照)は世界中の研究者の力を結集する大事業だったが、今や研究の一環としてのゲノム解析が当然になった。私たちもチョウゲノムやクモゲノムを解析している。タコゲノムを解析したのは沖縄の研究者だ。タコは貝と同じ軟体動物門の頭足類。一番近いイカとは二億五〇〇〇万年前に分かれ、祖先をたどるとアンモナ

『タコしんぶん』

Albertin, C., Simakov, O., Mitros, T. et al.; The octopus genome and the evolution of cephalopod neural and morphological novelties. *Nature* 524, 220–224 (2015).

（提供：JT 生命誌研究館）

イトに行きつく。

最初の驚きは、タコがヒトとあまり変わらない大きなゲノムをもっていることだった。DNAのATGCという塩基の並びは、ヒトで三二億、タコは二七億だ。サカナ(ゼブラフィッシュ)は十五億、カキ(貝)は五・六億、ハエは一・五億とかなり小さい。ゲノムが大きければよいというわけではなく、はたらき方が大事なのだが、大きい方がさまざまな潜在能力をもつことは確かだ。タコの中にやたらに擬態が得意なのがいるが、無関係ではなかろう。

次の驚きは、「体づくりの遺伝子」のありようだ。私たち脊椎動物の体は体節が並んでいる。頭から脚までの体節をつくる遺伝子は、興味深いことにゲノムの上でこの順番に並んでいる。昆虫(ハエ)でも同じである。ここに体づくりの基本があるとされている。ところが、タコはこれがバラバラ。「こんなの見たことない」と叫ぶ他なかった。どうやって体をつくっているのだろう。

そして最後に脳。タコにしかない遺伝子が五〇個近く見つかり、一番多いのが中枢神経に関わるものだとわかった。網膜関係も多い。さらに、脳の神経の多様性をつくり出す遺伝子であるプロトカドヘリンが、ヒトの三倍近くもある。

生きものには驚かされることしばしばで、それこそが楽しみなのだが、それにしてもタコはすごい。タコゲノムからこれから何がわかってくるか楽しみが増えた。

擬態に再生にと忙しいナナフシ

生命誌研究館では原則、生きものの展示はしないのだが、ナナフシだけは開館以来館員と一緒に暮らし、展示空間の人気者である。

枝のような形で、木の中にいるとまるでその一部のようであり、注意深く見ないと見つからない。昆虫によく見られる「擬態」の典型例であり、しかも周囲の樹木に合わせて緑色になったり褐色になったりするので、ますます見つけにくい。単為生殖なのでメスだけにしておいても卵を産み、どんどん増える。しかもいわゆる変態がなく、生まれたばかりの一センチにも満たない子どももナナフシが、生意気にも一ぱしの形をしているところがなんとも可愛い。是非見に来ていただきたい。

JT生命誌研究館のナナフシ

ナナフシ目の一つであるコノハムシは、枝だけでは倦きたらず葉に擬態している。背中にはくっきりした葉脈が見え、主脈が突きでている葉の裏側そっくりである。一方、お腹は色が濃くて、どう見ても葉の表側である。擬態をするのはメスだが、この姿で葉の裏にぶら下がっていると葉っぱ以外には見えない。ところどころ虫に喰われたような傷もあり、その芸の細かさには感心を越えて呆れてしまう。最近、恐竜時代の化石にコノハムシが見つかった。一億年以上、葉になりきって生き続けてきたしたたかさには驚くほかない。

ナナフシが研究館のメンバーになったのは、

岡田節人初代館長がこのムシの再生能力に興味をもったからである。実は、自然界のナナフシには脚が足りないものや短いものがよく見つかる。枝のような細い体で木の間を歩いているうちに脚がとれてしまい、それを再生しているからである。時には、触角があるはずの頭の先に脚が生えているものまでいるので、ここでまた驚くことになる。

二〇世紀初頭、ヨーロッパではアマチュアが楽しみに飼っていた。一九二四年、ウィーンの実験生物学研究所で触角を切ると、再生したものの三〇%で脚が出てくるという実験が行なわれた。近年ショウジョウバエでこのような変化が起きる変異株が見つかった。ナナフシの異形再生は遺伝子の変化なしに起きるところが興味深い。単為生殖、擬態、再生と小さな昆虫が生きていくためにさまざまな工夫をしていることがよくわかる。しかも、その中で間違いが起きてしまうというのが、これまたいかにも生きものらしく、共感を誘われる。

海の棲みやすさを選んだ肺魚

研究館の展示空間にいる生きものとしてナナフシを紹介したが、実はもう一ついる。ナナフシに劣らぬ人気者で、紹介しなければ叱られそうだ。肺魚である。

その名の通り、魚なのに肺をもち、普段は水槽の底でゆったりしているが、時々水面に鼻を出し空気を吸う。このパフォーマンスに出合えた日は、なんだか得をしたような気になる。他の魚と違い、鼻が私たちと同じように口とつながっており、吸った空気を肺に送っているのである。

魚には軟骨魚類（サメなど）と硬骨魚類があり、後者は条鰭類（じょうき）と肉鰭類（にくき）に分かれる。食卓にのる魚たちは主として条鰭類、ひれのつけ根に小さな骨があり、

JT 生命誌研究館の肺魚

(現在はアボガド君と、アフリカ産のマーブル君がいる。
JT 生命誌研究館ホームページより)

そこからスジがのびている。肉鰭類は、ひれの骨のまわりに筋肉があって厚い。この仲間が上陸し、ひれが足になったのである。その中で海に残ったのがシーラカンスと肺魚、「生きた化石」と言われるが、四億年もの間変わることなく生きてきたことは海の棲みやすさを示しており、よい選択をしたとも言える。

研究館にいるのは南アメリカ産(えんぴつ君)、オーストラリア産(アボガド君)の二種だが(二〇一六年当時)、この他、アフリカに四種いる。

近年のDNA解析により、四足動物に

ティクターリク（右）と
アカンソステガ（左）
（JT生命誌研究館「生きもの上陸大作戦」より）

最も近い魚類はシーラカンスではなく肺魚とわかった。最近になって、このひれが足に変化していった過程を示す化石が次々と発見されている。まず、三・七五億年前のティクターリク。立てるのではないかと思われるほどしっかりしたひれと扁平な顔をもち、まさに両生類と魚類の中間を思わせる。次いで、三・六億年前にいた四本の足と尾びれをもち、顔も扁平のアカンソステガは、時期から見て上陸寸前である。

これらのひれの中を見ると面白い。肺魚にはすでに、根元に上腕骨があり、その先が枝分かれしている。アカンソステガになると、分かれた先は完全に指になっており、しかも八本ある。その後の進化で私たちの指は五本になったのだが、八本のままだったらピアノはもっと簡単に弾けたろうとか、十進法はどうなっていたろうと想像すると楽しい。

サンゴと藻の共生がつくる多様な生態系の破壊

昨秋、石垣島から便りがあった。〝例年は何度もやって来る台風が九月になっても来ないので、海水温が高く、西表島との間にある国内最大のサンゴ礁が白化している〟というのである。環境省の調査で、一部白化も含めると九七％、死滅が五六％とのことだ。

サンゴ礁は一見植物のような形だが、クラゲもその仲間の一つである刺胞（しほう）動物である。分裂した個体が群体となり、数千、時には数万も集まり、あの形をつくっているのである。細胞内に褐虫藻（かっちゅうそう）と呼ばれる小さな藻を共生させており、エネルギーをその光合成に依存している。ただし体をつくるチッ素やリンは、動物プランクトンを捕まえて得ている。一方褐虫藻にとって、サンゴは、安全でしかも日光を受けやすい木の枝や葉の形をしている絶好の棲家なのである。まさに相利共生の典型例と言える。

ところで、水温二五―二八℃が、この共生による棲息の適温であり、三〇℃以上の水温が続くと、それがストレスとなって褐虫藻の光合成系が壊れ、サンゴは藻を放出してしまう。その結果、サンゴの骨格が透けて白く見えるのが白化である。ストレスは高温だけでなく、酸性化、土砂の流入、強い光などもあげられ、温暖化を含めてのさまざまな環境変化のいずれもが該当する。

このみごとな相利共生がわずかな高温化で壊れてしまう理由は、活性酸素だ。褐虫藻の放出する酸素が有害な活性酸素になり、サンゴの細胞内に蓄積する。サンゴにはこれの処理機構があるのだが、高温と強い光はこの処理能力を上まわる活性酸素を生みだし、共生関係を壊すらしい。

サンゴ礁が多様な生態系を育むことはよく知られている。海の熱帯林と呼ばれ、海洋のたった〇・二%の面積しかないのに、そこに海水魚の三分の一、全海洋生物の四分の一がいる。それを支えるのが、サンゴが分泌するタンパク質と炭水化物が連なった高分子の粘液で、良質の食物なのである。有機物生産性は通常の海の一〇〇倍とも言われる。

陸上の熱帯林、海のサンゴ礁共に人間の活動によって破壊されつつあるのが恐い。

虫を食べる植物、その機構の謎解き始まる

オーストラリア原産の食虫植物であるフクロユキノシタのゲノムを解析したという論文が出た。日本で比較的なじみ深い食虫植物といえば、近くの園芸店にあるウツボカズラやモウセンゴケだろうか。ウツボカズラは葉が漏斗(ろうと)型になっていて、その中に落ちた昆虫を溶かしてしまう典型的な食虫植物の姿をしている。一方モウセンゴケは、細長い葉にある繊毛から粘液を出して昆虫を捕え、やはり溶かして養分を吸収する。

通常植物は、必要な炭素化合物は光合成で自らがつくり、チッ素やリンなどの栄養素は根から吸収している。食虫植物は、土壌にあまり栄養素が含まれず、十分な吸収ができないような環境に適応し、通常の植物が根から得ている栄養

フクロユキノシタ

素を昆虫などに頼っている仲間である。もちろん光合成はしている。

フクロユキノシタのゲノムは二〇億塩基対と大きい（ヒトで三〇億）のに解析の対象になったのは、一個体の中で漏斗型をした捕虫葉と、通常の植物と同じ平面葉の両方を形成する、という特徴をもっているからである。昆虫の捕獲に向いている漏斗型は光合成の効率が悪いが、平らな葉は光合成に適し、両者をもつ個体は生存に有利に違いない。

昆虫の誘引・捕獲・消化・吸収という複雑な機能をもつ葉への変化が、たった一つの変異で起きるとは考えにくく、その複雑な進化の過程を知るには捕虫葉と平面葉の比較が必要である。フクロユキノシタは、白色光を連続照射し、二五℃で培養すると捕虫葉だけになり、一五℃で培養すると平面葉だけになるという興味深い性質を示す。

そこで、それぞれの葉で発現する遺伝子の探索をしたところ、昆虫の誘引に関わる蜜や色素形成の遺伝子、形態形成の遺伝子、昆虫を滑らせるワックス遺伝子、消化物の吸収に関わる遺伝子などが捕虫葉で強く発現していた。昆虫を消化する酵素は、耐病性の遺伝子の中の特定の遺伝子が変化して生じる例が多いこともわかってきた。

一歩一歩の解明が科学の面白さである。この謎解きは今後も続く。

トウガラシを「hot」と言った鋭い感覚

朝ベッドから降りようとして左脚をぶつけ鋭い痛みが走った。これまで痛みについて考えたことがないことに気づき、調べたら思いがけないことを教えられた。

痛み研究を牽引しているのがトウガラシという話である。痛みの原因の一つに熱がある。この時の痛さの受容体が、トウガラシの主成分カプサイシンの受容体であるとわかったのは一九九七年のことだ。トウガラシは、それを食べた多くの動物で、発汗を促し体温を下げると同時に痛みを誘発することは知られていた。

一方、カエルやニワトリのように、知らん顔で食べている生きもののもいる。

そこで、カプサイシン受容体を調べたところ、それがイオンチャネル（細胞膜の内外に無機イオンを通過させる孔をもつ蛋白質）であることがわかり、その遺伝子も同定できた。辛さの程度が違うトウガラシで調べると、受容体チャネルでの電流の流れ方は辛さと比例していた。

このイオンチャネルは、四三℃以上の温度によって活性化され、熱による痛みを伝える傷害受容器でもあることが明らかになった。辛いものを口にした時とっさに「ｈｏｔ」という言葉が出るが、まさにその通りだったのだ。人間の感覚の鋭さを科学が後追いしたことになる。*

*この研究で、アメリカのデビッド・ジュリアス氏（カリフォルニア大学サンフランシスコ校）と、アーデム・パタプティアン氏（スクリップス研究所）の二人が、二〇二一年のノーベル医学・生理学賞を受賞した。

ところで、この受容体遺伝子を欠いたノックアウトマウスの神経節を調べたところ、五〇℃以上で開くイオンチャネルが見つかった。四三℃以上に対応する受容体は炎症による発熱時の痛みに対応し、五〇℃以上ではたらく受容体は熱いフライパンに触った時などの反射に関わると考えられる。

この受容体仲間には、温度を下げた時に三〇℃、二三℃、一五℃ではたらく冷受容器もある。それらが、それぞれショウノウ、ハッカ、大根の成分で活性化されることもわかってきた。

痛みの受容器を通して、味覚と体性感覚とがこのような形で関わっていることがわかってきたのは興味深い。前述したように、ニワトリがカプサイシンの入った餌を平気で食べるのは、われわれと同じ受容体が、熱には反応するがカプサイシンには反応しないためとわかった。トウガラシを辛いと感じるのはかなり最近獲得した能力なのだ。

本当の賢さを動物に学ぶ

今、通勤電車で読んでいる本が面白い。動物たちの賢さの話である（フランス・ドゥ・ヴァール『動物の賢さがわかるほど人間は賢いのか』松沢哲郎監訳、柴田裕之訳、紀伊國屋書店、二〇一七年）。自身をホモ・サピエンス（賢いヒト）と名付けた人間が、賢くないことばかりやっているのに嫌気がさしているので、彼らの賢さに惹かれるのかもしれない。

これまで動物には認知能力はなく、人間は特別と考えるのが科学的であり、帰宅すると玄関で迎えてくれる愛犬に賢さを感じても、そう感じる人間側の気分に過ぎないとされてきた。

その理由の一つは、私たちが人間の尺度ですべての生きものを見てきたからである。ドイツの生物学者J・ユクスキュル(一八六四―一九四四)は、動物はそれぞれ特有の世界、つまり環世界をもっていることを示した。ダニは哺乳動物の皮膚が発する酪酸の匂いがすると枝から落ち、その動物にとりついて温かい血を十分吸いこむ。これを環世界と呼び、普遍的な環境ではなく、一つ一つの生きもの特有の周囲との関わりを指す。ダニにとっては酪酸の有無が最も重要な外部の様子なのである。このような環世界の先に認知が見えてくると考え、動物の認知の研究が進められている。

この場合、実験条件が重要だ。チンパンジーと自分の子どもを一緒に育てて観察した京都大学の松沢哲郎さんが、チンパンジーだけを親から離しているのでは本物の観察にならないと気づいた。そこで、自然に近い群で暮らす環境をつくり、学びへの意欲をもって実験室にやってくる個体を研究対象としたのだ。その結果が、タッチスクリーンにある数字の大小を瞬時に認識するテストでのみごとな成果である。私も並んでタッチスクリーンに向き合い挑戦したが、完敗だった。広い森の中で果物などを探すチンパンジーは、このような認知力に優れており、都会生活に慣れたわれわれ以上なのだ。

このように、本来学ぶ（真似る）ことが大好きな動物たちの気持になって研究するようになって以来、霊長類はもちろんゾウ、イヌ、カラス、タコなど、動物たちの賢さが次々と明らかになってきた。

今人間社会で問題になっている公平性を見てみよう。二頭のチンパンジーにキュウリとブドウを与える実験で、キュウリをもらった個体は仲間がブドウを手にしているのを見ると怒る。不公平だというわけだ。ところが自分がブドウをもらった時も、異議を申し立てることがある。おいしいものをもらったのだからシメシメとなりそうだが、自分の損得ではなく、公平感からの行動なのである。イヌやカラスでも同じ結果が出た。

私たち人間はどうだろう。得してよかったとほくそ笑みそうな気がする。それは本当の賢さだろうか。ホモ・サピエンスの地位は危ういのかもしれない。

ネコでの実験から始まる
――脳科学から人間の「意識」にどう近づくか 1――

「賢さ」というやわらかな言葉の陰には「意識」という硬い言葉がありそうだ。

このところ急速にＡＩが話題になり、それが人間を超えるなどと言う人までいるので、人間の側をよく考えなければならないという気持が強くなっている。人間を見る切り口をどこにするかが難しいが、ここでは、脳科学から見ていく。神経細胞で起きる化学的反応、電気的反応で動いている脳のはたらきからどうやって意識が生まれるのかと考えても、すぐに答えの浮かぶものではない。そもそも意識がそれですべて説明されるのだろうかという素朴な問いの方が先に出てきてしまう。

しかし、意識の裏に脳の反応があることは確かなので、これですべてが説明できるか否かは別にして、今わかっていることを見ていくことにする。脳神経科学の研究が着実に進んでいるのは、見る、聴くなどから生まれる感覚意識体験である。

始まりは、一九八一年にノーベル医学・生理学賞を受賞したD・ヒューベルとT・ウィーゼルのネコを用いた実験であり、網膜に与えた点の刺激が、第一次視覚野では線としての反応になっていることを示した。つまり、脳内で、眼球から視覚野にいたる間に信号処理がなされているという発見である。この変化を追えば、文字や図形などがどのように受けとめられているかを知ることができる。

そこで意識に関わるニューロン活動を捉える実験が始まった。動物は麻酔下でも視覚刺激に反応するので、それを除かなければならない。ここで考えだされたのが両眼視野闘争である。右眼は縦縞、左眼は横縞というように異なる刺激を与えると眼球の間で意識の奪い合いが起き、ある時は縦縞、ある時は横縞が見える。右眼に入ってきた縦縞が見えている時は、左眼に入った横縞は見えない。その場合、左眼からの刺激、つまり横縞は、入力も脳内での処理もされているのに「見えない」のである。

一九八六年、N・ロゴセシスはこの両眼視野闘争がサルにもあることを見出し、意識に関わるニューロンを探す実験を可能にした。こうして脳科学から意識に近づけるところまで研究は進んだ。その後の解は次回紹介する。

サルからヒトでのＭＲＩ
――脳科学から人間の「意識」にどう近づくか２――

左右の眼それぞれに縦縞と横縞という異なる図形を見せると、数秒間隔で縦縞が見えたり横縞が見えたりする交代が起きる「両眼視野闘争」。これを用いて意識を知ろうとする研究である。見えているのに意識されていない時に脳内で何が起きているか。サルを訓練してこの研究を可能にしたところまで紹介した。

網膜に入った形に関する刺激に反応する部位でのニューロン活動を調べると、意識に特有のニューロンはなかった。次に、意識との関わりはないとされてきた第一次視覚野でも、一〇％のニューロンが意識にのぼることがわかった。ところが同時期に、ヒトでｆＭＲＩ（機能的磁気共鳴画像法）を用いた研究から、第一次視覚野全体が意識に関わるという成果が出て混乱を生みだした。研究ではよくあることで、このような矛盾を地道に解くことが重要なのである。

ここでN・ロゴセシスは、サル用のfMRIを開発し、ヒトと同じ結果になることを示した。この開発はかなりの難事業だったが、必要と思えば挑戦するのが研究の王道である。ヒトとサルでは同じであり、ニューロンは一部しか意識とは結びつかないと考えられる。脳内に意識に関わる特定の場があるのではなく意識と無意識は広範囲で共存していると言える。

こうなったら刺激に対応するニューロン群を追い、神経メカニズムを解明するしかない。しかし、これでは赤いリンゴを見た時に活動するニューロン群は追えても、その時の感覚意識体験（クオリア）はわからない。そこには主観が入るからである。

ここからが興味深い。主観と客観をつなぐ基本に「意識の自然則」と呼ぶ、物理界での万有引力の法則のようなものを探す方向へ舵を切るのである。自然則として考えられる「情報の統合」と、「神経処理の手順（アルゴリズム）」のうちの後者を選択し、見えている全体（高次）からその細部（低次）への情報処理の流れに注目する「生成モデル」を用いた研究が進められている。緒についたところだが、この先の報告が待ち遠しい。

2

生きものの長い時間をたどる

三八億年の「生きている」と一生の「生きる」

具体をちょっとお休みして、標題の「生きている」と「生きる」の説明をしよう。生物学では生きものの性質として、膜による区切り、代謝、世代の継続（複製）、進化の四つをあげる。これを行なう単位である細胞には、その特性を決めるゲノム（DNAの総体）が入っているので、細胞とゲノムに注目しながら「生きている」と「生きる」を考えていくのが本書のテーマである。

「生きる」という言葉で考えるのは一生という時間であり、生きものの生まれ、育ち、老い、死ぬという過程である。その過程では、外から体をつくる物質とエネルギーとを取りこみ代謝する。そこで、区切りの膜は閉じながら開いている必要がある。「食べる」ことで代謝を支え、動的平衡にあるのが生きている状態である。食べ過ぎて太るなど日常と結びついたはたらきであり、よく知っておくことは大事だ。

一方、世代の継続（複製）と進化は、長い時間の中で考えるものであり、ここでは「生きている」という状態が続いていくことに注目することになる。単細胞生物では細胞の複製が世代の交代になるが、私たち「性」のある生きものでは、受精によって生じる新しい組合わせの唯一無二のゲノムをもつ個体が生まれる。そしてこの個体が「生きる」のである。

この組合わせがどうなるかはまさに天の采配、私たちの意志でどうなるものではない。ＤＮＡは二重らせんという自分と同じものをつくるみごとな構造で各個体がその性質を保ち続ける同一性を保証する一方、ある頻度で必ず変化をする。この同一性の保持と変化との微妙なバランスが進化を支え、生きものを三八億年間も続けてこさせたのである。なんともうまくできている。

こうしてみると、最初にあげた四つの性質のうち、継続（複製）と進化こそ、「生きている」を支える自然の力と言える。長い長い時間の流れの中にあり、本来、私たちの意志が関わらない力である。

「生きている」は三八億年という長い時間を見る視点であり、継続（複製）と進化が基本となる。一方「生きる」は一生という時間であり、ここでは代謝が重要である。「生きている」に学びながらいかに「生きる」かを考えるのが、生きものとしての人間のありようと言えよう。

そこには「ひたすら生きる、巧みに生きる、わきまえて生きる、よく生きる」の四つがあると教えて下さったのは、川喜田愛郎先生（ご専門はウイルス学、医学史）だ。この言葉、階層的になっており、すべての生きものの生き方をつなげて考えることを誘ってくれる。まさに生命誌の基本である。そして「よく生きる」は人間だけにあるものと受け止め、ここまで考えるところに生命誌の広がりがあると思っている。

イチジクコバチが熱帯雨林をつくる

熱帯雨林は地球生態系にとって重要な場である。まず単位面積あたり温帯林の二倍の炭素を貯蔵する。温暖化が進み異常気象が懸念される中で、温暖化ガスである二酸化炭素を吸収し、炭素化合物として貯蔵する役割は大きい。多様な種を育てもする。既知の種は一八〇万種だが、熱帯雨林には未知の数千万種が存在するとされている。

そこでとくに重要な植物にイチジクがある。熱帯雨林の鍵となる木と呼ばれているのは、これが常に開花、結実しており、鳥や哺乳類の餌になるからである。森林は樹木の他に動物たちあっての生態系であり、それを支える餌が多様性の鍵を握る。

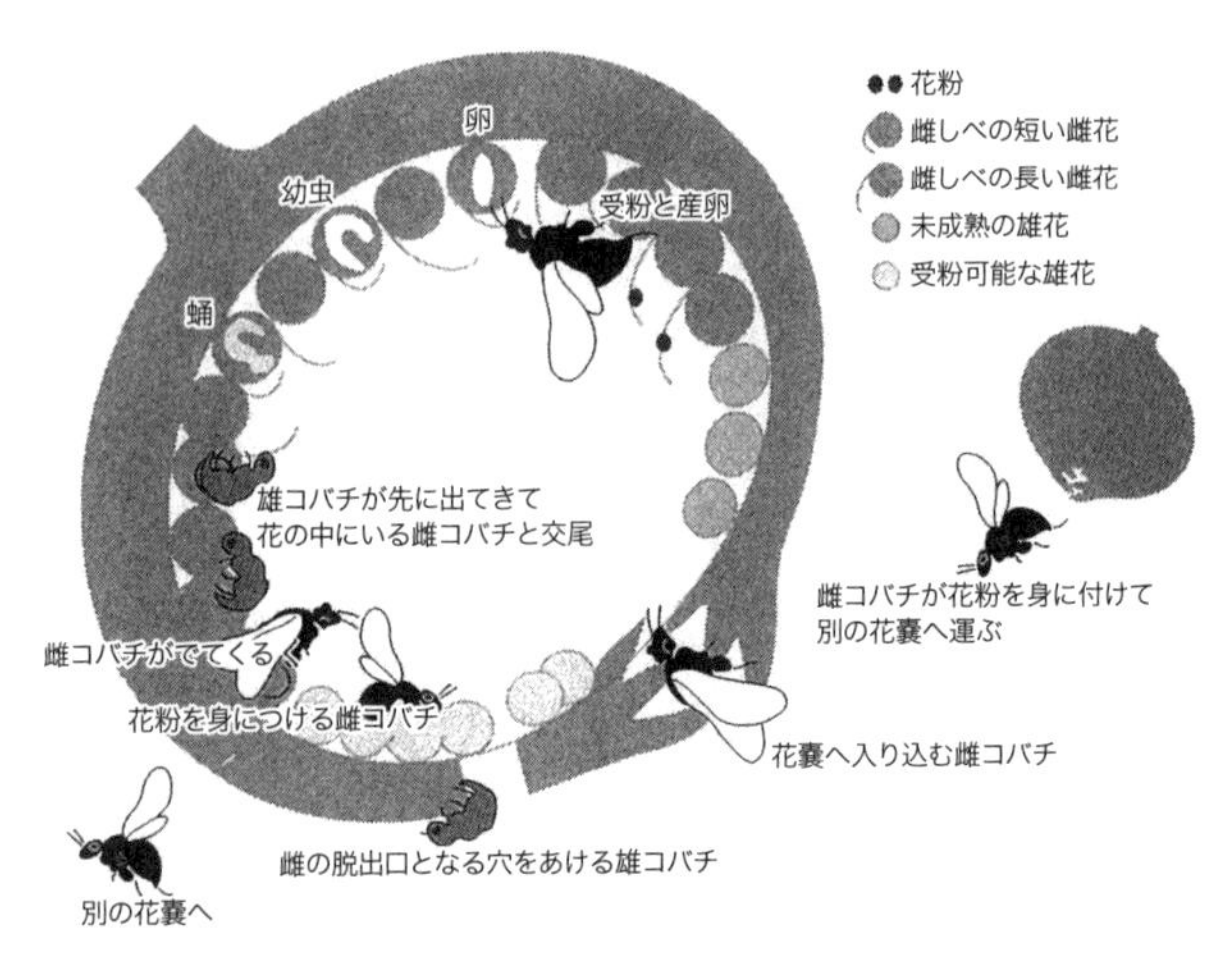

イチジクとイチジクコバチ

(JT 生命誌研究館)

ではなぜイチジクはいつも実をつけているのだろう。実と書いたが、これは集合花が内側にまき込まれ、そのまま果実になっていくもので、花でもある。ここに花粉を運ぶのが体長二ミリほどのイチジクコバチである。

先端の小さな孔から入ったメスコバチは、そこに並ぶメシベの柱頭に花粉をつけながら産卵管をさし込んで奥の子房(しぼう)に産卵する。生まれた幼虫は数カ月で成虫になる。まず羽化したオスは子房の中にいるメスと交尾をした後、メスが出ていくための孔を開け、そこで命尽きる。オスには翅（はね）がない。少し哀れな気もするが、このハチの生き方なのだ。一方遅れて子房から出てきたメスは翅をもち、オスの開けた孔の側でちょうど成熟している花粉を身につけて外へと飛びたつ。そして新しいイチジクを見つけて入りこむのである。

コバチは子育ての場としてイチジクを利用し、イチジクは花粉を運んでもらう共利共生である。しかもこの共生は、原則一種対一種に特殊化している。この関係を日本産イチジクで調べたところ、二〇〇〇万年ほど前はイチジクもコバチも一種であったのが、それぞれ分化して一一種に分かれてきた経緯が明らかになった。しかもその間ずっとイチジクとコバチの一対一関係は維持されてきた。

このような関係を「共進化」と呼ぶ。これほど強固な関係があったからこそ、熱帯林の中でイチジクはいつも実をつけ、森林生態系を支えているのである。

つまり、小さなイチジクコバチがあの大きな熱帯雨林をつくり上げてきたと言ってもよい。もちろんコバチは自分の子孫を残そうと懸命になっているだけなのだが。

進化の不思議——恐竜の中に鳥がいる

人気の童話『エルマーのぼうけん』（R・S・ガネット作、福音館書店）は、勇気ある少年エルマー・エレベーターが、どうぶつ島に捕えられた子どものりゅうをさまざまな困難を乗りこえて助けだす物語だ。エルマーは、空飛ぶりゅうに乗ってどうぶつ島を飛びだす。生命誌研究館には「生命誌版エルマーのぼうけん」の展示がある。ここでは、エルマー・バイオヒストリーが、絶滅を乗りこえて生き残っていた恐竜を救いだし、それに乗って飛びたつのである。

実は近年、鳥類は恐竜から進化したことが確実になった。一九九六年に中国で羽毛をもつ恐竜の化石が発見された。小型の獣脚類（じゅうきゃく）である。恐竜には鳥盤類（ちょうばん）と竜盤類（りゅうばん）があり、竜盤類には獣脚類と竜脚類がある。竜脚類は体を大きくする方向に進化し、獣脚類は小型である。と言ってもここに羽毛が生えたからと言ってすぐに空を飛ぶことはできまい。今のところこの時点での羽毛の役割としては、体温調節と繁殖という推測がなされている。繁殖の際の具体的なはたらきとしては、求愛の時のディスプレイや卵を温めるなどが考えられる。恐竜のそんな姿を想像すると楽しくなる。

羽毛と並んで興味深いのが呼吸系である。竜盤類では、体重を支える脚の骨はしっかりしているが、脊椎は空洞化し軽くなっている。そして肺の前後の空洞に前気嚢（ぜんきのう）、後気嚢（こうきのう）という二つの袋を備えている。吸った新鮮な空気は直接後気嚢に入り、それが肺を通って前気嚢へ行き外へ出る。こうして肺にはいつも新鮮な空気があるだけでなく、常に後ろから前へと動く空気の流れを利用して血液の対流を起こし、酸素と二酸化炭素の交換の効率をよくしているのである。これはまさに鳥のシステムだ。

骨が軽く、効率的呼吸システムがあるので、鳥はヒマラヤを越えて飛ぶこと

生命誌版　エルマーのぼうけん

エルマー・バイオヒストリーが、どうぶつ島の自然を背景に、クジラやサイ、ライオン、ゴリラなどさまざまな動物に出会いながら進化をたどる　（JT生命誌研究館ホームページより）

さえできるのである。このシステムがすでに恐竜にあったとは面白い。巨大化できたのもこのシステムがあったからとも言えるわけで、恐竜が空を飛ぶなんてあるだろうかと思っていたのは誤りだったと気づく。見かけにだまされず、身体のメカニズムの解明から本質を探ることが重要なのである。

眼とあご——積極性の始まり

今晩はちょっと贅沢をしてステーキだ。まず眼で焼き具合を確かめ、よしよしと思いながら一切れを口に運び嚙みしめる。なんということはない日常である。しかし、大昔の生きものたちには眼もあごもないのでこれができない。五・五億年ほど前に眼、次いであごが生まれ、生物界は大きく変わったのである。

まず眼を見よう。五・二億年ほど前の中国の地層で発見された三葉虫の複眼が今のところ最古とされている。カンブリア紀には浅瀬の海で、昆虫など無脊椎動物の複眼と私たち脊椎動物のカメラ眼とが共に生まれたようだ。眼という複雑な構造が自然選択で生まれるだろうか、とよく言われる。しかし進化の歴史の中では、驚くほどの短期間と言える五〇〇万年ほどででき上がったことがわかってきた。
　無脊椎動物の複眼は表皮になる部分が盛り上がったもので、一つ一つの細胞が個眼となり、動きを捉えるのに長けている。ただ細胞数を増やせず遠くを見るのは苦手だ。一方、脊椎動物のカメラ眼は脳になる部分からでき、網膜には、光受容細胞が一億個、信号を脳に送る細胞が百万個あって分解能は高い。眼ができて餌を見つけ追いかけるようになり、食うもの食われるものそれぞれの進化が加速したという説はどこか説得力があり納得できる。

原始の目
脊椎動物　昆虫　軟体動物
ヒト　ハエ　イカ

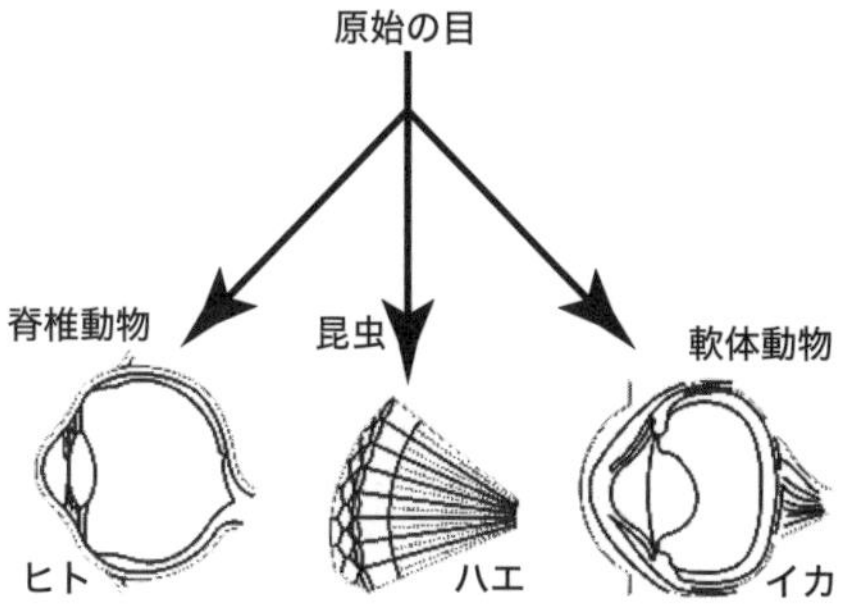

さまざまな「眼」への進化
（JT 生命誌研究館ホームページより）

　そしてあごである。脊椎動物の祖先に近いとされるヤツメウナギ（円口類）はまさに口が丸く、あごはない。泥の中の有機物を吸って暮らしている。私たちの祖先は皆そのようにして生きていたのである。時には他の動物に寄生するものもいたらしい。そのうち、眼の出現と同じ頃、エラの一部からあごが生じ、あごを動かす三叉神経も発達して積極的に餌をパクリと食べられるようになった。実は、あごの関節が音を伝える役割をもち、哺乳類ではこれが中耳（ちゅうじ）になる。

こうしてたくさんの神経が走る体の前方に顔・頭ができてきたのが、魚であり、ここから両生類・は虫類・哺乳類が進化してきたのである。眼とあごが積極的な生き方を生み、それが食うか食われるかという生存競争につながったのだと思うと、少し考えこむ。

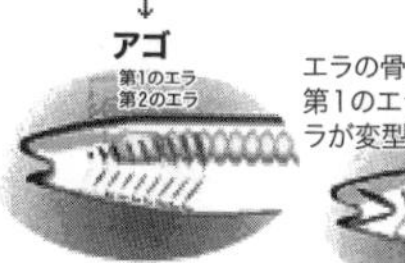

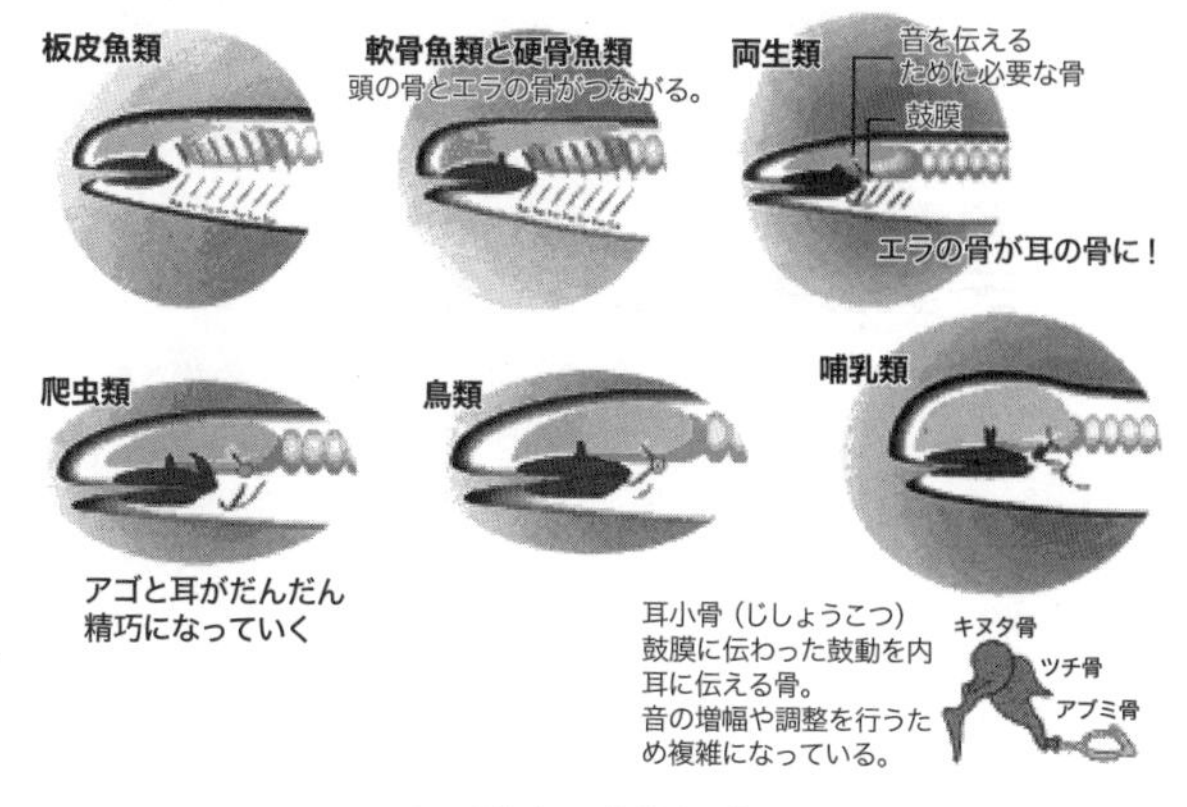

アゴをもつ魚類の出現

（倉谷滋氏作成、JT 生命誌研究館ホームページより）

深海に生きものの起源を探る
――常識を変え続ける生きもの――

日常会話では、「そんなの常識でしょ」と軽くいなされたり、「なんと常識はずれな」と非難されることがよくある。しかし生きものを見ていると、常識ってなんだろうと思うことがしばしばある。

私たちは、一気圧の大気の中で酸素を吸って暮らしている。温度も二〇℃あたりが適温、太陽の光も欲しい。そこで、この条件からひどくはずれたところには生きものはいないだろうと思ってしまう。

その一つが深海である。実は、一九世紀末に、水深二〇〇〇メートルもの海底から引き上げた電信ケーブルにサンゴや二枚貝が付着していたことから、深海にも生きものはいるらしいとわかった。前述の常識は一〇〇年以上前から疑われてきたのである。しかし、深海の研究は難しく、明確な結果を出すことができないまま時がたった。

近年、深海用の有人潜水調査船を建造できるようになった（現在世界で七隻ある）。日本も一九八九年に「しんかい六五〇〇」をつくり、以来一四〇〇回もの潜航で成果をあげている。テレビで、エビ、カニ、イソギンチャク、サンゴなどの写真をごらんになった方も多いだろう。最初は信じられなかったが、今や、深海に地球表面とは異なる生態系が存在することは常識になった。

その中で、インド洋中央海嶺（水深二〇〇〇―三〇〇〇メートル）にある熱水活動域にメタンや硫化水素を利用する微生物を共生させる生物群が見出された。この熱水活動域は、高圧のため水温四〇〇℃にもなる。この種の微生物は地球上に最初に誕生した生物の仲間と考えられ、しかもここは水素濃度が高い。初期の地球大気は水素と二酸化炭素が主体であったので、ここは生命の起源を知るのに適した場と考えてよい。

生命の起源に関する実験室での研究も大事だが、三八億年前とされる生命誕生を自然の中で解明できる可能性には特別の魅力がある（地球外からの飛来も否定できないが、科学としては、地球上での誕生を探る方が実りが多いし、興味深い）。新しい常識が生まれ、新しいことが見えてくる。これだから研究は止められないのである。

はいかない。

地球の不思議——マントルまで続く？　生態系

　生物の世界は義理と人情。深海をのぞいたからには、地中を訪れないわけにはいかない。

　深海もまさかの世界だったが、さらに驚くのは地底である。二〇〇五年に生まれた科学掘削船「ちきゅう」の初航海の目的は、巨大地震発生メカニズムの解明であった。和歌山県の潮岬沖の南海トラフで海底下四〇〇メートルほどのコアを採取し、地震で動いた断層を発見した。東日本大震災後は宮城県沖も調べるなど地震研究への期待が大きいのだが、ここでは生きものの話へと移る。

　海底の微生物は一九九〇年代から詳しくその数や種類が知られるようになり、大陸沿岸では平均一立方センチメートルあたり一億〜一〇億個いるとわかっている。「ちきゅう」による青森県沖の掘削でも、まず六五〇メートルのところで二酸化炭素からメタンを生成する古細菌が見つかり、二・五キロメートルの地底でも石炭層では一立方センチメートルに一万個ほどの微生物がいた。ただし石炭層以外では一〇〇個以下、このあたりが限界のようである。

興味深いことに、石炭層の微生物のDNAは大陸沿岸の海底のものとは異なり、陸地の仲間と同じだった。ここは二〇〇〇万年前は森林だった所、つまりその頃の微生物がほとんど変わらずに海底下二・五キロメートルでメタンをつくり続けていたのである。

地下の微生物探索は陸上でも行なわれている。場所は岐阜県の東濃鉱山(とうのうこうざん)。日本屈指の花崗岩体にウラン鉱床があり、その試掘後の地下一二五メートルに研究所がある。雨水の影響を最小限に抑えた孔から採取した一〇〇〇メートルほどの深度までの地下水に、地表付近とほぼ同数の微生物が観察された。種類も多様(もちろん嫌気性)で恐らく五〇〇〇メートルまでは生態系があると考えられている。

実は沖縄の熱水域（三〇〇℃）の海底にも古細菌が存在した。ここには半径一〇キロメートル以上の熱水湖が発見されている。「ちきゅう」はマントル掘削も計画しており、そこでどんな結果が出るか楽しみだ。地球の面白さは止まるところを知らない。

生物の歴史は絶滅の歴史とも言える

日本の領海内で発生した台風による豪雨に遭い、やや大げさだが天変地異について考えた。生命誕生以来の三八億年間に、生物の大量絶滅が九回あった。生きものすべてが海中にいた間に四回、上陸後に五回である。

有名なのは六五〇〇万年前、直径一〇キロメートルもの巨大隕石の落下による恐竜の絶滅である。津波や火災が起き、巨大な雲によって光合成ができず食べものがなくなったのである。それ以外の大量絶滅は、地球自体の温度の低下と大気組成の変化によるものだ。海中での四回は、一九億年前、二二億年前、七・四〜五・八億年前、三・三億年前であり、氷河時代とされる。とくに、二二億年前と七億年ほど前の二回は全面凍結があった。

七億年ほど前の全面凍結は、藻類が急増して二酸化炭素を吸収、温室効果が弱まったことから始まった。その他の要素も加わって、ある時バランスが崩れ、気温がマイナス四五℃にまで下がったのである。近年の研究で赤道近くでは氷の移動や海流があり、シャーベット状だったとわかったが、氷は氷である。

恐いのは、「ある時バランスが崩れ」というところだ。現在の地球は、陸上の多様な生態系のおかげで全面凍結はないだろうが、バランスを保つことの重要さに変わりはない。人間の行為が行き過ぎないことを祈る。

ところで、凍結終了後の五億四〇〇〇万年前には、カンブリア大爆発があった。現存の三八の動物門*がすべて誕生したことが化石調査でわかっており、まさに大爆発である。厳しい状況下、生きものたちはそれに耐えるだけでなく、新しい挑戦を待っていたのである。新しい形や生き方を支える新しい遺伝子は、古い遺伝子の重複とそこからの変化で生まれるのだが、実は、その準備は九億年前にはできていたことがわかっている。

＊生物分類には界・門・綱・目・科・属・種の階級がある。動物界の下位には、海綿動物門、平板動物門、刺胞動物門、有櫛動物門、扁形動物門、無腸動物門、菱形動物門、直泳動物門、紐形動物門、顎口動物門、腹毛動物門、輪形動物門、内肛動物門、外肛動物門、箒虫動物門、腕足動物門、星口動物門、ユムシ動物門、毛顎動物門、有輪動物門、微顎動物門、環形動物門、軟体動物門、線形動物門、類線形動物門、鰓曳動物門、胴甲動物門、動吻動物門、緩歩動物門、有爪動物門、節足動物門、珍渦虫動物門、棘皮動物門、半索動物門、脊索動物門、などがある。

雌伏三・五億年。急速な環境の変化、それによる多くの生物の消滅を待って、新しい生物が次々と誕生したのである。他の絶滅の後もそれぞれ新しい生物が生まれている。生物の歴史は絶滅によって多様化し複雑化したとも言える。

地球の生命を支える熱帯雨林

二〇一六年、世界のすべての国が温室効果ガスの排出削減努力をするという画期的な「パリ協定」が発効し、熱帯雨林の重要性が再確認された。熱帯雨林というと思い出す人がある。日本の熱帯雨林研究の基礎をつくった井上民二元京都大学教授である。研究現場を訪れるために乗った飛行機が現地で墜落し、還らぬ人となったのが残念で、今も口惜しい。

「熱帯雨林に入り込んで、まず気づくのは独特の荘厳さである。林床（森林の地面近くの空間）は一日中薄暗く、空気はたっぷりと湿気を含んでいて動かない。そのなかに均整のとれた巨大な木の幹が数十メートル間隔で立っている。見あげると、最初に枝がでてくるのは地上四〇メートルほどのところである。木の高さが七〇メートルを超えそうであることを確かめるころには首が痛くなってくる。

熱帯雨林はジャングルとか密林とよばれるが、林床は意外にすけていて歩きやすい。樹木が、何重にも枝や葉を広げているため、地面には一パーセントほどの太陽光しか届かない。そのため、林床近くにはあまり葉がしげっていない。気温も二八度を超えることはないので、じっとしていればすごしやすい（一部省略）。」

これは、彼の遺著『生命の宝庫・熱帯雨林』（ＮＨＫライブラリー、一九九八年）の書き出しで、地球の生命を支える場が心に深く刻まれる名文だ。この森こそ炭素の貯蔵庫なのである。植物には大気中の二酸化炭素（七〇〇〇億トンほど）とほぼ同量の炭素が貯蔵され、その九〇％は森林である。森林の土壌にも腐葉土などの形で大量の炭素がある。目先の開発でこれを壊すのは地球上で生きる者としての礼儀をわきまえない行為である。

そのうえ近年は、長い時間をかけて蓄積された生物を主な起源とする地下資源（石炭・石油・天然ガスなど）を採掘し、その燃焼によるエネルギーを利用して進歩・成長を続けてきた。

私たち人間を含む生物がつくる生態系は、炭素化合物の循環で成りたっているのだから、地下資源の燃焼は必然的に二酸化炭素を生みだす。生態系での二酸化炭素は、ここに描きだされた熱帯雨林を中心とする植物のもつ光合成能で生態系の中へ入るのだ。

私たちはエネルギーを使い過ぎ、この循環からはみ出す二酸化炭素を大量に蓄積してしまったのだ。そしてその二酸化炭素をあたかも邪魔者、悪者であるかのように扱っている。そして、「脱炭素」

などという言葉をつくりだした。

二酸化炭素が悪いのではない。炭素循環の中にいる存在として、自分自身を生態系の中に位置づけた行動を人間がとらなければならないのであり、これまで以上に炭素を意識することが求められるのが今だ。そして生きものとして生きることを再確認する必要がある。

生きものの歴史は絶滅の歴史でもあるのだが、昆虫の科数は、その誕生以後の五回の大量絶滅でもほとんど減っておらず、時を追って着実に増えている。植物も科数はほとんど減っていない。大騒動が起きたのは動物界ということになる。つまりどんなことがあろうと地球の生態系を支える力をもっているのが、昆虫と植物なのである。

生命誌を応援して下さり、「今度の出張から帰ったら季刊誌の対談やりますよ」と言って出かけていらした井上さんの声が忘れられず、イチジクとコバチの研究を大事にしている。

生きものの上陸
——緑豊かな高木の森が存在するのは——

熱帯雨林の生態系での役割を述べたが、生命誌ではさまざまな形で植物の重要性が浮かびあがる。三八億年前に海で誕生した生命体は水が必須であり、海中生活を続けた。ところが、五億年ほど前に、なぜか暮らしやすい海を離れてまず上陸したのが植物なのである。陸の方が受ける光は強く光合成には有利だが、重量の八〇—九五%という水分を失う不利な中での挑戦である。なぜ?と聞きたくなるが、ともかくまずは、上陸後の戦略を見よう。

コケやシダに始まり、植物は根を伸ばして地中から水を吸いあげる一方、さらなる光を求めて上へと背丈を伸ばしていく。ここで大事なのが葉である。葉での光合成の重要性はよく知られているが、水に対する役割もある。葉に存在する気孔は、これを囲む一対の孔辺細胞の開閉によって、光合成の際の二酸化炭素の吸収と酸素の放出と同時に、水の蒸散もするのである。

盛んに光合成を行なえる強い日光の下では温度が上昇し、それが四五℃を超えたら生存に関わる。移動できない植物は大切な水を蒸散させて温度を下げる他ない。とても無駄な気がするが、実はこの蒸散が水の吸収に大事な役割をしていることが近年明らかになってきた。

熱帯雨林などでは樹高が七〇メートルにもなり、ここまで水を吸いあげるには七気圧もの圧力が必要である。根の細胞の浸透圧の差は一気圧ほどであり、これではどうにもならない。次いで茎の中の導管や仮導管（直径数マイクロメートル〜数百マイクロメートル）の毛細管現象による吸引が考えられるが、一〇マイクロメートルの細さでも三メートルしか上昇しないので、これも高木の頂上まで水を届ける力にはならない。

残るは蒸散である。これによる吸水力は気孔の近くにある空間、つまり細胞間隙の相対湿度で決まる。湿度が一〇〇%では吸引力はゼロだが、八〇%なら なんと三〇〇気圧もの力が出るというのである。三〇〇〇メートルの高さまで 大丈夫、七〇メートルなど軽々だ。すごい力である。

こうしてできた森が、昆虫や動物が暮らせる環境となるわけで、動けない植物が秘めた力に改めて驚く。

日本の可能性を思わせる稲の伝来

車窓から水が張られた田んぼが見えると心が落ち着くのは日本人だからだろう。田植えで緑一面になり、季節の動きと共に黄色へと変わっていく景色は、多くの人の心に故郷のイメージを呼び起こす。この光景はいつからのものか。稲作の伝来については、ＤＮＡ解析が通説を覆したことが有名である。

東南アジアの建物の煉瓦には籾がらが混ぜられている。いろいろな時代の煉瓦の中の籾の長さと幅から品種を類推し、種の起源がインドのアッサム地方から中国の雲南一帯とされたのが一九七七年である。

これより四年前の一九七三年、長江下流の河姆渡（かぼと）に今から七〇〇〇年前の遺跡が発見され、炭化米や稲作用らしい道具が出土した。黄河文明と同じかそれ

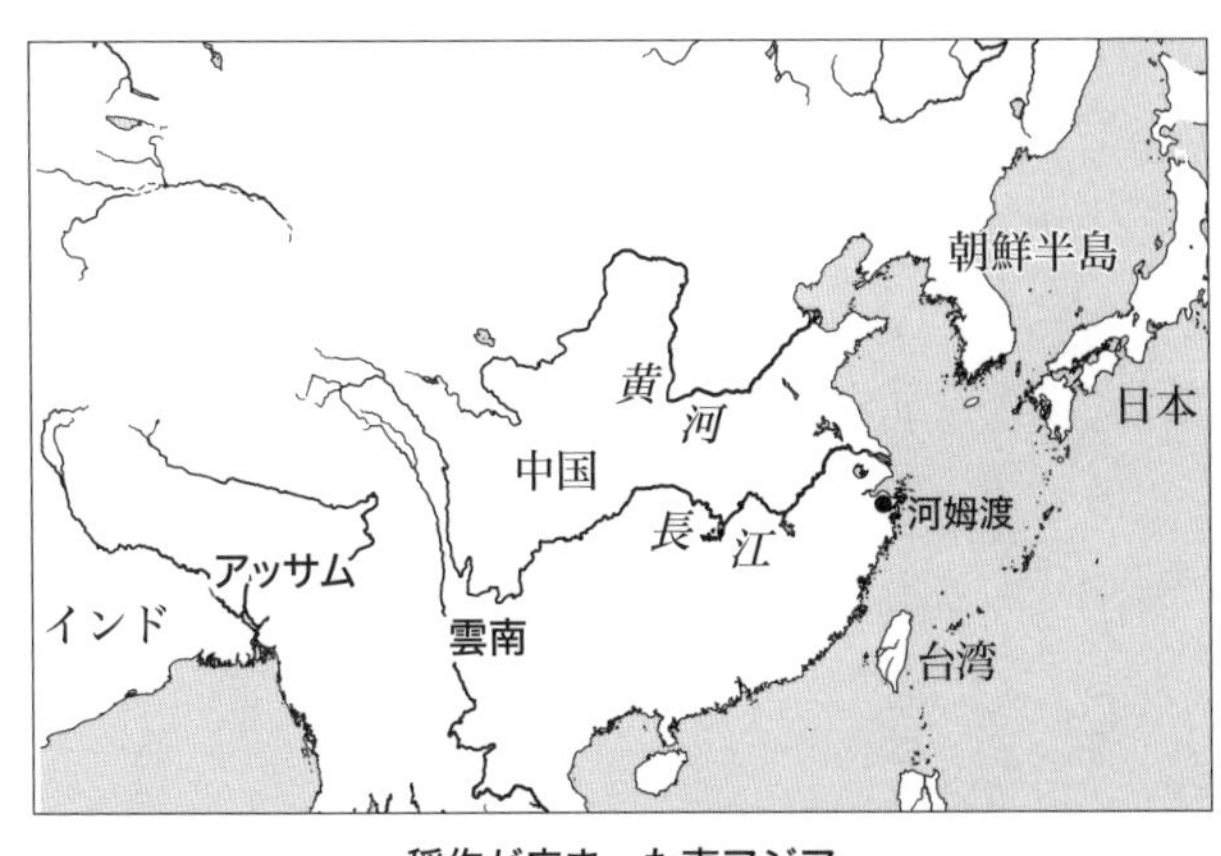

稲作が広まった東アジア

より以前の稲作の痕跡は、当初はあまり注目されなかった。しかし、詳細な分析の結果、七〇〇〇年前に確かに稲がつくられていたことがわかり、長江に稲作の起源があると考えられるようになった。

稲にはインディカとジャポニカの二種があり、長江で発見されたのはジャポニカである。なお、私たちは稲作というと水田を思い浮かべるが、湿潤地帯では水は張らずモミを播くだけという地域もあり、今もアジア諸国の半分はこの方法で稲をつくっている。

ところで、このジャポニカが、縄文時

代に日本で栽培されていたことがわかってきた。この時代の地層から稲のプラントオパール（植物細胞にたまるケイ酸の塊で種の判別に使える）が続々と見つかり、中には六〇〇〇年前のものもある。しかもＤＮＡ解析から、この稲は長江から直接日本に入ってきたと考えられるのである。

水田栽培はもっと後に朝鮮経由で入ってきたとされるのがこれまでの説だったが、稲が長江から直接「海の道」を通って伝来したというもう一つの可能性は、柳田国男の『海上の道』を思わせる。いわゆる四大文明が乾いた地域であるのに比べ、長江は湿潤で、循環型文明だったと考えられる。縄文時代の日本がそれを上手に受容し、巧みに変容させてきたのだとすると、ここには現代人が学ぶことがありそうな気がするのだ。日本列島の自然は循環型文明を実現するのに適した豊かさをもっており、日本人は、世界を意識しながら自身の生き方をつくる能力があると思える。これからの地球のありようを考える鍵の地として日本があるのではないかと壮大な夢を描いてしまう。

一〇年間に六センチの土
——ダーウィンのミミズ観察 1——

生命誌の研究を始めた時に考えたのは、身近な小さな生きものたちを見つめようということだった。多様性の中に、「生きている」という共通性を探すと本質が見えてくるはずだと思ったからだ。

先生はダーウィン。進化論は生物研究の基本となる大理論だが、これを考えだせたのは、ダーウィンが小さな生きものたちを見つめる眼をもっていたからだと私は信じている。彼が一生つき合い続けたのは、ミミズである。

イギリスには牧草地がたくさんある。一八三七年のある日、家の近くの牧草地に穴を掘ったダーウィンは、上の一・三センチは芝の根がからみ合っているが、その下七・五センチまでは石灰層であることに気づいた。そこには一八二七年に石灰がまかれ、以来放置されていたことがわかり、一〇年間に六センチほどの肥沃土ができたことを知る。

肥沃土をつくったのはミミズだと考えたダーウィンは、ミミズの観察と共に野外での実験を始める。一八四二年一二月一〇日（三三歳）に石灰をまき、一八七一年一一月末（六二歳）に土を掘りおこしたところ、一八センチ下に白い層があり、やはり六ミリ／年で肥沃土ができるという結果が出た。なんとも気の長い話だが、自然を見つめるとは時間をかけることであり、それだからこそ進化という気の遠くなるような長い時間をかけての現象の本質を見抜けたのではないだろうか（それにガラパゴスに行って多様な生きものを観察したことも加えてのことである）。

こうしてミミズに関心をもったダーウィンは、土をつめたポットの中のミミズを観察するうちに、この小さな生きものにどれほどの知的能力があるかを知りたくなる。しかし、当時は「ミミズのような下等な体制の感覚器官の貧弱な動物についてはこのような観察はない」という状態だった。ダーウィンでさえここで〝下等〟とか〝貧弱〟という言葉を使っているのだ。当時の人間が生きものを見る眼がどのようなものであったかがわかる。

二一世紀の今、生命誌を研究している立場からはミミズに対してなんと失礼なと思うが、当時の知識と社会の価値観ではこうなったのだろう。ダーウィンでさえ、時代から自由ではなかったのである。今の私たちも知らないことが山ほどあり、自然に対して失礼なことをしている危険性が大いにあるのだ。

ダーウィンが〈法はささいなことにかかわらず〉という格言は科学には通用しない、と言って始めた興味深い実験は、次回紹介する。

ミミズは考えている——ダーウィンのミミズ観察 2

イギリスには、細いトンネルを掘って中に入り、その入口を落ち葉などで塞ぐミミズがいる。ダーウィンは、そこで使われていた枯葉二二七枚をとり出し、一八一枚が葉の先の方、二〇枚が太く葉柄のある方、二六枚はまん中から入れられていることを確認した。八〇%は細い方から入れていたことになる。偶然とは思えない。葉柄を避けていることも観察できた。私たちが小さな孔を塞ぐ時もそうするだろう。

ある日、ダーウィンの子息ウィリアムがミミズの穴からシャクナゲの葉を二三七枚拾い、その六五%は基部からの方が引きこみやすい形だと言ってきた。そこで、トンネル内のシャクナゲの葉九一枚を調べたところ、六六%が基部から引きこまれていた。葉柄があっても、引きこみやすい方を選んだと言える。もう一人の子息フランシスと松葉を観察したところ、ほぼすべてが二本がくっついた基部から引きこまれることがわかった。そこで、葉の先のとがった部分を嫌うのではないかと考えて、そこを切っても基部からしか入れないことを見つけた。

ここでダーウィンは葉ではなく紙片を用いることを思いたつ。脂を塗って雨露にあたっても破れないようにした便箋を三角形に切る。二辺の長さは三インチ（七・六二センチ）、底辺は一インチ（二・五四センチ）と半インチ（一・二七センチ）にした。すると、三〇三枚がとりこまれ、その六二％が先端、一五％がまん中、二三％が底辺から入れられたことがわかった。偶然つかんだところから引きこむとすると底辺からである方が多いと予想されるのに、六二％が先端というのは、明らかにミミズがそちらを選んでいることを示している。

そこでダーウィンは、ミミズは考えていると結論する。とても日常的な、お金もかからない実験であり、それを子息二人と一緒に楽しんでいる様子を思い浮かべるとこちらも楽しくなり羨ましい。

もちろん現在では、この時ミミズの体の中でどんな現象が起きているかを調べなければ本格的研究にはならない。けれども自然の中にいる小さな生きもののちょっとした行動の観察が研究の基本であることに変わりはない。

進化生物学者S・J・グールド（一九四一―二〇〇二）はこれを「小さな動物に托された大きなテーマ」と評している。

生命の起源——生命誕生は高温の深海か

春は木々の芽が吹き、鳥の声も聞こえ、始まりの時という感があるので、生命の起源を考えたくなる。私たち生きものの始まりという誰もが知りたいこの問いへの答えは残念ながらまだ出ていないが、近年その答えを探す科学が急速に進展している。

現存生物はすべてＤＮＡ（その総体としてのゲノム）をもつ細胞から成り、そこでのゲノムのはたらき方は同じである。ゲノムを用いた系統樹は、祖先細胞は一種であることを示し、それが三八億年ほど前には存在していたこともわかっている。もっともこれは、最初の生命体が地球上で生まれたという証拠にも、最初は多様な生命体が生まれなかったという証拠にもならないのであり、生命の起源という最初にあげた問いは残る。それを承知の上で、とにかく、現存生物の元となる細胞が地球で生まれたとしたら、それはどんな条件下であり、具体的にどのような場所だったのだろうと考えてみよう。

系統樹の根元に近い、つまり祖先細胞に近い生物は、生育温度が高温（八〇〇―一二〇℃）という特徴をもつ。高温環境の一つに深海熱水活動域があるので、まずそこを見よう。暗黒で高圧の深海には生きものなどいないと考えられてきたが、近年六五〇〇メートルまで潜れるようになり、水素濃度の高い熱水噴出孔近くに超高熱菌の存在が認められた。

その中で、大西洋の海底に白い摩天楼のように存在しているアルカリ熱水噴出孔（ロストシティと呼ばれる）が生命誕生の場の有力候補になってきている。九〇℃とあまり高温ではない温泉なのだが、この白い塔の内部にある細孔の壁に触媒となる鉱物が含まれるために、アルカリ性の温泉と海水が出合うとＰＨの差でエネルギーが生じるのである。

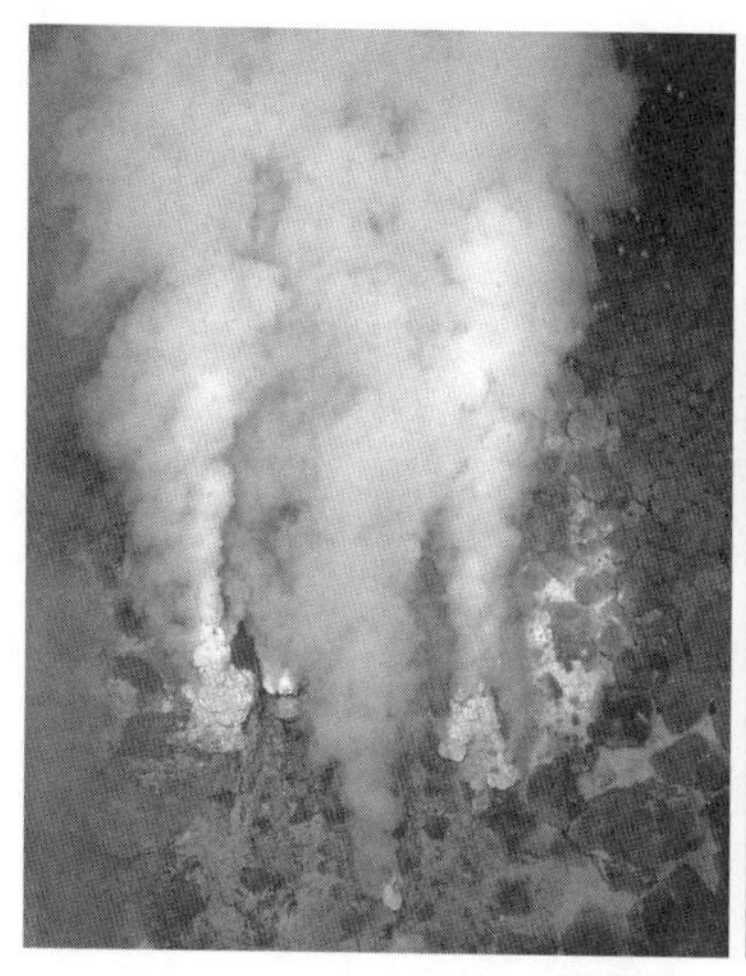
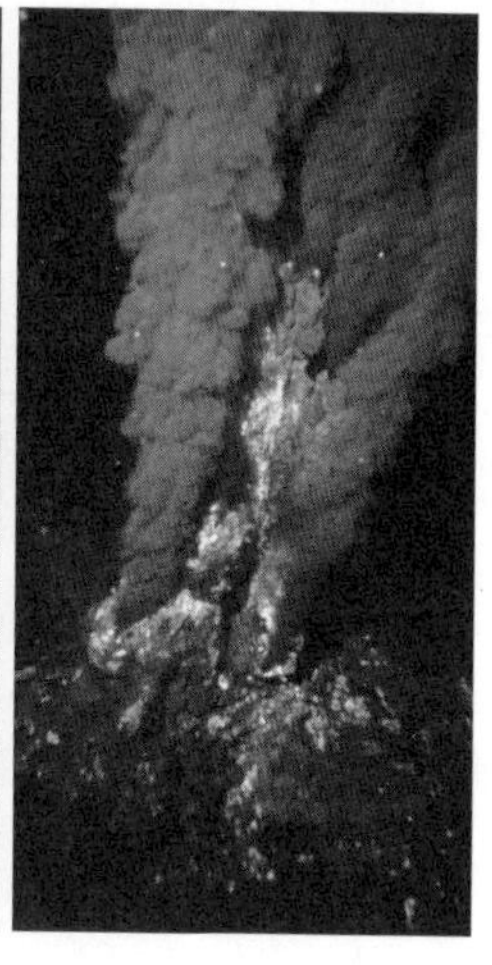

熱水噴出孔

左はホワイトスモーカー、右はブラックスモーカー（NOAA Photo Library）

それを利用して水素と二酸化炭素から有機物が生成すると考えられ、事実、塔の中には水素と二酸化炭素で生きるアーキア（古細菌）が生存している。この代謝反応を担う遺伝子が、真正細菌とアーキアとの共通遺伝子として存在することもわかってきた。この他にも説はいくつもあり、答えはまだ出ていないのだが、深海が生命誕生の場であった可能性は高そうである。

マンモスが走る地球になるか

「ゲノムは読む時代から書く時代に入りつつある」。こう考えているのが合成生物学を標榜する研究者である。その一人ハーバード大学のG・チャーチ教授は近年マンモス再生プロジェクトを始めた（『マンモスの帰還と蘇る絶滅動物たち』トーリル・コーンフェルト著、中村友子訳、株式会社エイアンドエフ、二〇二〇年）。組換えDNA技術の開発当時から絶滅種の再生は話題になり、M・クライトンが逸速く『ジュラシック・パーク』（酒井昭伸訳、早川書房、一九九一年）を書いて人々の関心を集めたが、当時は〝お話〟に過ぎなかった。

近年DNAに関する知識と操作技術が格段に進んだ。そこで、恐竜は難しいとしても、三〇〇〇年前に消え、今も凍土の中に遺体のあるマンモスなら再生可能だと研究者もまじめに考えるようになったのである。

まず、マンモスの遺体から採取したゲノムを解析する。次に、ヒトゲノム解析によってわかっている遺伝子に関する知識を活用して、マンモスの特徴を示す遺伝子の配列を決めることになる。選択する遺伝子としては、密生した毛、厚い皮下脂肪、小さくて丸い耳、氷点に近い低温ではたらくヘモグロビンなど一三ほどがあげられている。

これらの遺伝子を合成するところから始める。微生物の場合はすでに合成した遺伝子を用いて望みの生物をつくり出すという研究が行なわれているが、その場合も細胞は既存のものを利用している。ましてやマンモスであり、もちろん既存の細胞が必要である。研究者たちは現存のゾウの細胞を用いている。現在、合成マンモス遺

伝子を入れたゾウのｉＰＳ細胞をヌードマウスに移植したら、赤い毛が生えたという段階まできている。

もちろん、マンモスそのものの誕生までにはまだ解決しなければならない課題がたくさんあり、数年先にマンモスが歩きまわるという話ではない。微生物の場合にも二〇年という時間が必要だったことを思い出せば、技術が進んだとはいえ、そう簡単ではない。

マンモス再生には、ロシアの研究者Ｓ・ジモフが北極圏の永久凍土を平原に戻すことに情熱を傾けているというエピソードが絡む。「氷河期パーク」構想であり、彼はそこをマンモスが走る姿を思い描いている。いわゆる「とんでも科学」ではない形でこれらが進んでいることは確かなのだ。

ここまでくると、私たちは本当にこの方向を選ぶのかという問いが出てくる。研究者の中にもさまざまな考え方があるし、選択は研究者だけによるものではないはずである。

生きものが絶滅しない環境を
――博物館の地下から考える――

マンモス再生の話をしたので、その前提となる絶滅を『絶滅できない動物たち――自然と科学の間で繰り広げられる大いなるジレンマ』(M・R・オコナー、大下英津子訳、ダイヤモンド社、二〇一八年)を参照しながら考える。恐竜やマンモスなどの人気者に限らない。生きものの歴史は絶滅の歴史と言ってもよく、とくに現代は、人間による自然破壊が絶滅を促進している。

アメリカ自然史博物館(AMNH)を訪れよう。博物館と言えばさまざまな標本が並ぶ展示室がイメージされるが、実は本命は地下にある。この博物館の場合、三三万点を超える標本の九九%は研究者たちのいる地下室にあると言う。生命誌研究館の構想を練るためにスミソニアン国立自然史博物館を訪れた時に案内された地下室の様子が忘れられない。学校巡回展示用のカメやヘビなどさまざまな生きものも含めた標本と、大勢の学芸員や研究者で活気に溢れていたのである。

ＡＭＮＨの地下にある大きなステンレス容器には、世界各地から収拾した八万七〇〇〇件の組織がマイナス一六〇℃で保存され、年に一万件が追加されている。南太平洋の島バヌアツのオウムガイ、アリゾナ州のヒョウガエルなど絶滅危惧種も多い。興味深いのは研究が終わった試料が多いことだ。将来その研究成果を生かせるかもしれないからである。たとえばニューヨークの保健衛生局で研究されていた蚊が大事にしまわれていたりする。

保存されている生物にまつわる一つの物語を紹介する。現在米国で四羽だけが飼育されているハワイガラス（アララ）は一九九〇年頃個体群が衰弱し、飼育下繁殖もうまく進まなかった。そこで野生のアララを施設に集めての保護が考えられたのだが、アララが生存する土地の所有者が「生物学者は傲慢で不愉快だ」と猛反対をした。議論の末、卵ならよいことになり、一九九六年に採取した一個が現在につながっているのである。

絶滅から生物を守ろうという生物学者から見れば、その行為に反対する人は、わからず屋に見えるだろう。しかし、反対者が抱く、「自然から離して繁殖させることに意味があるのか、アララの生きられる自然を考えることこそが大事だ」という気持は重要である。世界中のあらゆる場所にいる、すべての生物について考えなければならないことだ。

ハワイガラス（アララ）

モラルと歴史——人類すべてを一集団とするモラルを求める

ゲノム編集による人間の操作や人工知能など、人間を機械のように考える従来の科学がこのまま進展すると、生きものとしての人間はどうなるのだろうという疑念がわく。そこで、数ある生きものの中での人間の特徴は何かを考える論文に眼を通すことが増えた。

この種の研究は、遺伝子のはたらきの発見のように明快な結論を出すことが難しく、このような考え方が現時点で有力だという話が多いのだが、その一つを紹介する。モラルの誕生である。

基本は、人間は個体としては決して強い存在ではなく、生きるために不可欠な食べものを手に入れるために協力する必要があったというところから始まる。

二〇〇万年ほど前のホモ属の誕生後まもなく、地球の寒冷化と乾燥化が進み、果物などが得にくくなった。当初は他の動物が食べ残した獲物で食べつないだが、四〇万年ほど前からは道具を用いて自身での狩猟を始めた。

ここで協力が必要になったのである。やる気があって他者と協力する人が、他の人からよい仲間として選ばれて、生きのびられることになったのだ。チンパンジーの場合、果物探しは協力するけれど、採集は各自で行ない、自分だけで食べる。人間は、お互いに分け合うところを特徴とする。協働によってこそ安定した食が保障されるという体験が続くうちに、獲物の独り占めはよくないという気持が育っていったようだ。協働が義務、つまりモラルになってきたのである。〝私〟よりも〝私たち〟のためにという気持での行動が、よりよい生き方につながるとする協同の志向性の誕生である。

一五万年ほど前になると、集団のサイズが大きくなり始め、皆が共有する習慣、つまり文化と呼べるものができ始める。集団の志向性であり集団としてのモラルの共有である。

二〇〇万年前に始まったこの流れでいけば、現在は人類全体を一つの集団とするモラルを生みだす時になっていると言えるのではないだろうか。ゲノム解析から現存人類はすべてアフリカを故郷とする仲間であることが明らかなのだから。さらに〝私たち〟は、人類全体はもちろん地球上のすべての生きものにまで広がっている。生命誌はすべての生きものの祖先は一つであるという事実を基本にしているので〝私たち生きもの〟となるのである。今こそ、生きものとしての人間のありようをしかと考えたい。

3

ウイルスから宇宙へ

細菌に近い巨大ウイルス——ウイルスは生きものか

生きものの性質の一つに、自己複製がある。どんなに精巧につくられ、自ら行動できるロボットであっても、それが自己複製をしない限り、生きものとは言えない。

ところで、ここに悩ましい存在がある。ウイルスである。天然痘や麻疹の病原体として知られるウイルスは、ゲノム（DNAまたはRNA）をタンパク質の殻が包んだものであり、複製する。ただし、ウイルスゲノムがはたらくには、なにかの細胞に入りこみ、それを利用する必要があるので、複製は生きものの細胞の中でしかできない。ウイルスだけでの複製はないのだ。そこでウイルスは生きものかと問われたら、否と答えるのが定説になってきた。

しかし、最近難しい存在が発見された。巨大ウイルスである。細菌に近い大きさで、ゲノムも大きく、遺伝子数も多いのである。しかもその遺伝子が、これまでウイルスにはないとされてきたタンパク質合成に関わるはたらきをもつこともわかってきた。最初に発見された巨大ウイルスはミミウイルスと名づけられた。細菌のミミック（mimic 擬態）という意味である。

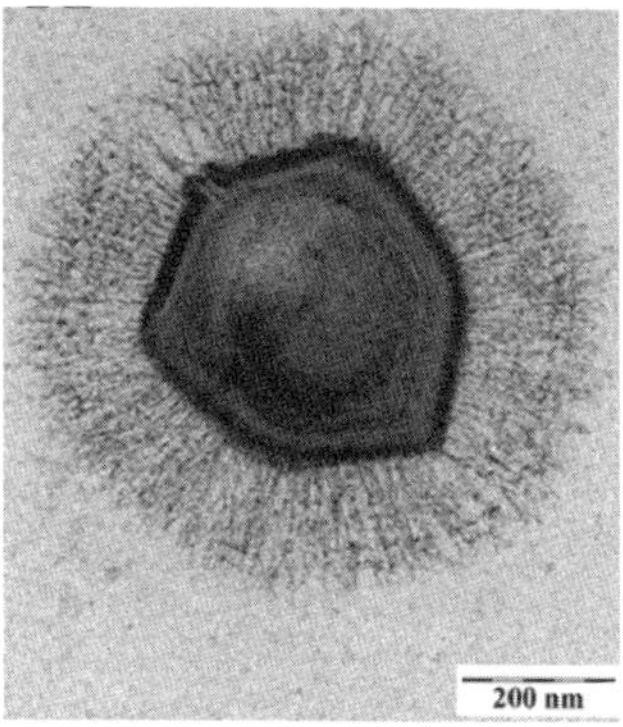

その後さらに大きく、しかも細胞に侵入した後にその核を壊すという新しい性質を示すパンドラ・ウイルスなど、巨大ウイルスの発見が続いている。パンドラ・ウイルスのゲノム（DNAの総体）は二五〇万塩基対、遺伝子が二五〇〇個ほどある。大腸菌で五〇〇万塩基対、四〇〇〇遺伝子なので同程度だ。ウイルスと細菌は別物、ウイルスは生きものでは

電子顕微鏡で見たミミウイルス

ないと言っているだけではすまないことになってきた。

また、以前感染したウイルスのＤＮＡが細胞のゲノムに入りこんではたらいている例がある。よく知られているのが、人間の胎児を守る胎盤の被膜を、内在性のレトロウイルス遺伝子がつくるというものである。ここまでくると、ウイルスを単に侵入する他者とは割りきれない。

これまでに発見された巨大ウイルスは、主として水圏（深水・海水）から分離されており、海洋に膨大なウイルスの存在が考えられるようになった。なんと一〇の三一乗個のウイルスが海水中におり、炭素量にするとシロナガスクジラ七五〇〇万頭分に相当するという計算もある。最近になり、私たちの体内にもウイルスが常在していることがわかってきた。しかもその数三八〇兆個というのだから驚く。その多くは常在菌の中にいるらしいのだが、いずれにしても何をしているのか。解明はこれからだ。

研究が進むほどに思いがけない像が見えてくるのが生きものの世界である。

南方熊楠による研究——粘菌、その多細胞化と知性

南方熊楠による研究で知られる粘菌。単細胞アメーバで、土壌の微生物を食べ、多核巨大細胞（変形体）になる。餌を食べ尽くして飢餓状態になるとナメクジ状になって移動し、その後胞子の塊とそれを持ちあげる柄からなる子実体をつくる。子実体から飛びだした胞子は、環境がよくなると分裂しアメーバになる。熊楠はそのライフサイクルを観察し、「動物ながら素人には動物とは見えず」と記述した。動物ではなくアメーバだが、現代生物学で見ても興味深い生きものである。二つの面を見てみよう。

一つは、時に集まって多細胞のように行動することである。子実体の胞子は生殖細胞、柄は体細胞であり、たった二種類で細胞の役割分担（分化）を見せ

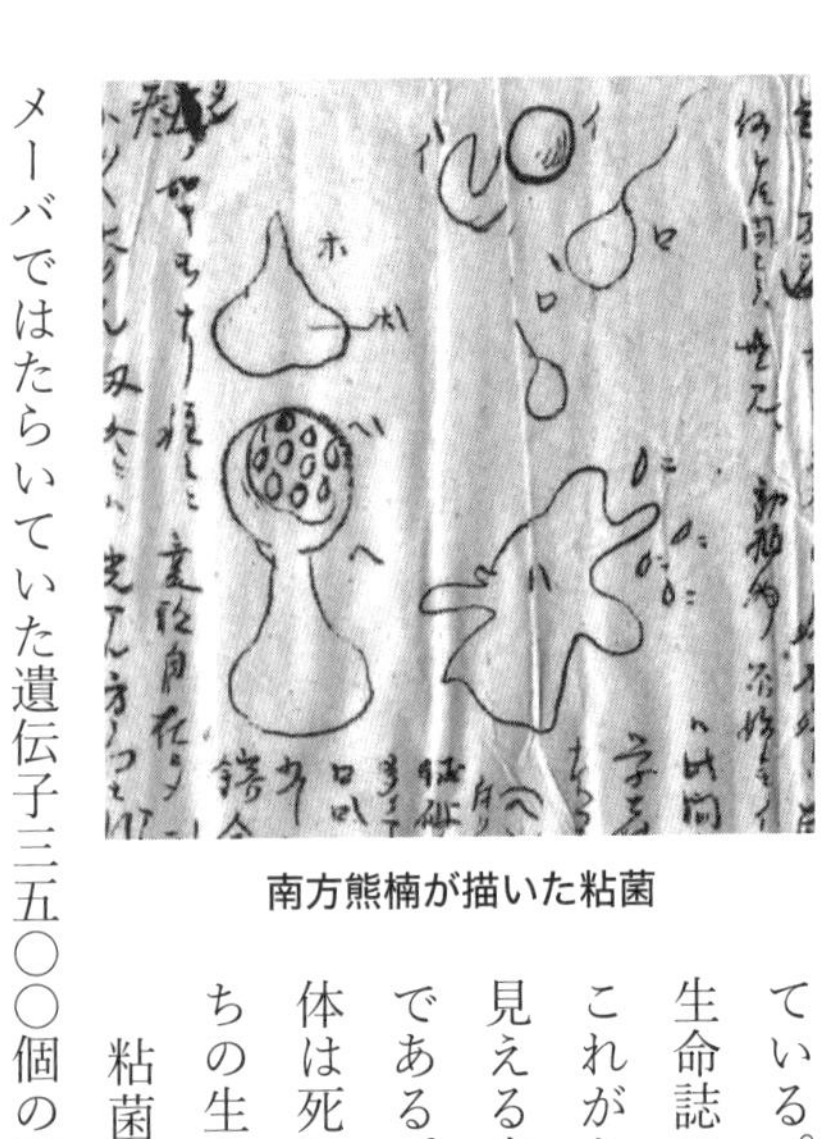
南方熊楠が描いた粘菌

ている。多細胞化とそれに伴う分化は、生命誌の中で重要な機能の獲得である。これがなければ、私たちのまわりの眼に見える生きものは一つもいなかったはずである。生殖細胞と体細胞の分化は、個体は死に、生殖細胞で次へとつなぐ私たちの生き方の基本を支えている。

　粘菌のＤＮＡを調べると、単細胞アメーバではたらいていた遺伝子三五〇〇個の四〇％は多細胞化と同時にはたらかなくなり、新しく三〇〇〇個がはたらき始めた。これほど多くの遺伝子のみごとなスイッチはあまり知られていない。この切り換えを解明すれば、体づくりの基本が見えそうである。

　もう一つが知性である。変形体には四つの光受容系があり、紫外線や青色光線を嫌う。糖・アミノ酸を好み、苦みは嫌いだ。嗅覚もあれば電流や重力にも反応する。全身が感覚器官なのである。このような粘菌を迷路上すべてに広がった状態にしておく。迷路の中の二つの場所に餌を置くと、四時間後行き止まりの路からは撤退し、餌につながる路だけに伸びていた。

さらに、餌までの距離が長い道から撤退し、一二時間後には二つの餌を結ぶ最短距離経路にだけ残ったのである。迷路を解いた粘菌。これを観察した研究者が知性と呼んだ気持はわかる。それが適切かどうかは別として、感覚・情報伝達・運動を一つの細胞で行なったことは確かである。

熊楠がこの話を聞いたらなんと言うだろう。

菌も身の内、を知るべしです

微生物の話が続いた。眼に見えないので日頃の意識にのぼることはなく、興味もわきにくいだろう。しかし、私たちの体をつくっている真核細胞が登場したのはほぼ二〇億年前であり、四〇億年近い生きものの歴史のうち半分は、バクテリア、アーキアと呼ばれる原核単細胞生物の世界だったのである。しかも今も地球上のあらゆる場所、時に岩にも存在している。微生物が生物界全体を支えている事実は見逃せない。人間など存在しなくても誰も困らないが（むしろいない方がよいかもしれない）、微生物なしでは死骸の始末もできず、生態系は成立しない。そこでもう一回、近年注目されている人体の中の多種多様な細菌たちをとりあげる。常在菌と呼ばれ、健康を支える重要な存在である。

身もふたもない言い方をするなら、人間の体は口から肛門までつながった管であり、口腔、鼻咽頭、気道、消化管は皮ふと同じく外と接していて、多くの細菌がいる。全部で一〇〇兆個以上と人体の細胞数より多く、重さは一キログラム近い。最近はゲノム解析によって種が同定され、その役割も明らかになってきた。

胎児は無菌だが、出産途中に母親から、出産後は家族からも菌が移り、生後三年ほどでその種類がほぼ決まる。家族の常在菌は似ている。腸内細菌は、人間の消化酵素が分解できない繊維などの分解、病原菌の侵入防禦（ぼうぎょ）、乳酸・短鎖脂肪酸など重要な物質の生産の他、免疫系のバランス維持の役割まで果たしている。

ここから常在菌のありようが健康に影響するであろうことは容易に想像でき、各種疾病との関連の研究が進んでいる。たとえば肥満。食欲を制御するホルモンであるレプチン欠損マウスは極端な肥満になる。その常在菌を同じ母親から誕生した非欠損マウスのものと比べると明確に異なる。そこで肥満マウスの菌をそうでない無菌マウスに移植したところ、すぐに脂肪が蓄積し始めた。

他にも糖尿病やアレルギーなど、さらには自閉症スペクトラムまで常在菌との関わりが見えてきた。そこで今、糞便移植療法、つまり健康な人の細菌を病人に移す療法が急速に進み、多くの人を助けた「よい便の提供者」もいる。

抗生物質の乱用で常在菌に変化が起き、前述の疾病を増やす原因の一つにもなっている。科学技術に頼りすぎる暮らし方が外の生態系を壊していることは、今や誰もが気づいている。ここで、それは体内の生態系も壊していることにも気づかなければならない。成長促進のための家畜への抗生物質の投与なども考え直す必要がある。

ばい菌とワクチン――長い歴史をもつ自然免疫

微生物の多様性とそのはたらきを見てきたが、日常生活では、〝バイ菌〟という言葉でイメージされる病原菌が最もおなじみかもしれない。

ここで問題になるのが免疫能力である。一度かかった感染症にはかかりにくいことはよく知られている。誕生後まもなくのポリオや三種混合（ジフテリア、百日咳、破傷風）に始まり、毎年お知らせのくるインフルエンザなど予防注射は数多い。ワクチンに対する抗体ができ、次に入ってきた病原体を狙いうちすることの能力を獲得免疫と呼ぶ。

実は私たちには自然免疫と呼ばれるもう一つの能力がある。相手を選ばず、病原体はもちろん花粉など体内に入ってきた異物を食細胞が食べてしまうのである。食細胞とは、私たち自身の体細胞の死骸や老廃物などの掃除係である。そのなんでもとり込んで消化する力で、病原体も処分するのだ。

細胞の表面にはその細胞の性質を示す標識とも言える構造があるのだが、生きて活躍している細胞には食細胞に向けて「食べないで下さい」というメッセージを出す目印がある。細胞が死ぬと「食べて下さい」という印がつくのである。実にうまくできている。自然免疫は、特異性をもたないために、獲得免疫に比べてつまらない現象であり、いわゆる「下等生物」（近年この言葉は使わないのだが）では意味があるけれど人間では大した役割をしていないとされてきたが、いやいやどうして。近年、注目され研究も盛んになった。

興味深いことに、病原体を食べた細胞は消化能力が増し、「おかしな奴がいるぞ」と周囲の細胞に伝えるサイトカイン*と呼ばれる物質を出す。インターフェロン、ケモカインなどという名前を耳にしたことがおありだろう。ケモカインは食細胞を呼びよせるはたらきをもつ。血管壁をゆるめる役割をもつサイトカインもあり、呼びよせられた食細胞達が血管から抜け出して異物を食べられるようにする。

＊サイトカインは免疫反応で重要なはたらきをするタンパク質である。ただしサイトカインの一種である炎症性サイトカインが大量につくられて血液中に放出されると炎症反応が起き、さまざまな臓器に、時には致命的な障害を引き起こすことがある。サイトカイン・ストームと呼ばれるこの現象は、新型コロナウイルス感染症でもこれが起きて問題になった。呼吸器、循環器とさまざまな臓器での障害が知られ、多臓器不全で亡くなる例も見られた。免疫はみごとな仕組みだが、バランスに支えられているものであり、時に暴走もあるという例である。

このような状態が「炎症」であり、けがの時は表から見える。食細胞にはマクロファージ、好中球の二つがあり、好中球は殺菌作用が強い。戦い終えて死んだ好中球が膿である。日々体内で起きている静かな戦いであり、これが体を守り、生きものの長い歴史を支えてきたのである。

宇宙を構成する物質――「わけがわからない」が大量に

科学は自然界に存在する「わからないこと」に挑む学問である。物理学では、物質の基本単位である素粒子について、クォークやニュートリノなど次々と新しい仲間が発見された。生物学ではDNAの解析が進み、遺伝子がつくるタンパク質のはたらきが明らかにされている。こうして、いつか宇宙も生きものもすべてわかるようになるだろう。それがこれまでの科学の見方だった。

ところが、宇宙も生きものも、研究が進んだがゆえに、わからないことが次々と浮かびあがってきているのだ。

まず生物学を見よう。ヒトゲノム解読は、DNAの塩基ATGCをすべて解析すればそのDNAの指令でつくられるタンパク質がわかり、そこからヒトのすべてがわかるはずと考えての挑戦だった。

ところが、三二億個ものATGCを解読してみたら、タンパク質を指令する配列はその二%足らずだったのである。しかも、当初はジャンクと呼んでいた残り九八%の中に存在する、過去に感染したウイルスの名残りが胎盤形成に関わっていたり、無意味と考えられてきた配列のくり返しの回数の違いが重篤な病気の原因であるなど、思いがけないことがわかってきた。

つまり、「わけがわからない」部分が大量にあり、しかもそこが重要であることがわかってきたのである。

宇宙も然り(しか)である。宇宙を構成する物質のすべてと思っていたものが、全体の四%に過ぎず、質量はあるが見えない「暗黒物質」が二二%、さらに正体のわからない「暗黒エネルギー」がなんと七四%を占めていると友人の宇宙物理学者に話してもらった時は仰天した。宇宙の生成と現状を説明するにはその存在を考えざるを得ないというのである。少しずつ解明が進み、たくさんの銀河がつくる泡構造*が暗黒物質の存在で説明できることがわかったらしい。エネルギーの方はまだ不明のようだ。

*銀河団・超銀河団の分布が示す大きな構造。銀河が直径数億光年もの空洞を囲むように集合し、これが泡状に連なった宇宙の構造。

これまでの考え方で説明できる部分がわずか数%しかないという事実は、科学に新展開を求めているということだろう。暗黒に向き合って新しい世界を拓く時なのである。日常社会もどこか行き詰まりを見せているような気がする。ここにもまだわからないことがあるのではないだろうか。こちらも暗黒に向き合って新しい道を探す時であると考え、目の前だけを見て競争するのでなく、じっくり構えてみる必要があるように思う。

組換えDNA技術——細菌の免疫能を編集へとつなぐ

ゲノム編集について知りたいと言われ、八〇〇字では無理と承知で試みてみようと思う。

細菌ゲノムの「クリスパー」と呼ばれるDNA配列の中に、過去に感染したウイルスDNAの一部が入りこんでおり、この細菌に同じウイルスが感染すると、クリスパーの配列を目印として、「キャス9」という酵素がそのDNAを切断することがわかった。人間では免疫細胞が前の感染を記憶しているが、細菌はDNAに記憶して免疫能を獲得するというのだから驚く。

これを利用して「クリスパー・キャス9」という「ある細胞内の特定のDNA（遺伝子）を切断して壊す」技術が開発された。切断したいDNAの塩

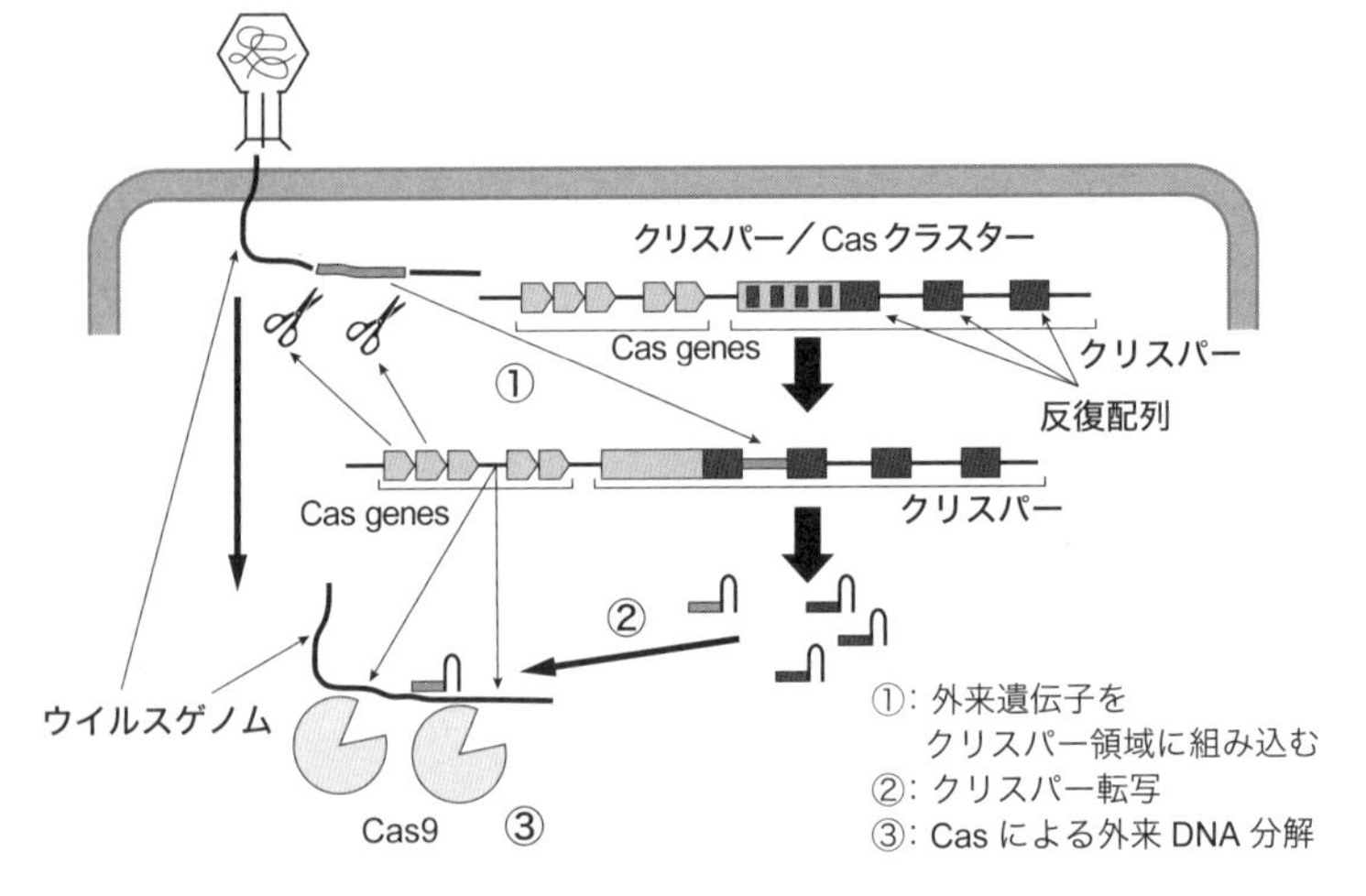

外来遺伝子への免疫システムとしてのクリスパー /Cas システム
（JT 生命誌研究館ホームページより）

基配列に相補的な配列をもつRNAを合成し、それと酵素キャス9との複合体を細胞内に入れる。するとそのRNAが切断したいDNAを探して結合し、キャス9がそのDNAを切るのである。切られたDNAは元に戻ろうとするが何度でもキャス9に切られるので、そのうちミスをおかして元とは違う配列になり、はたらきを失う。二〇一二年、アメリカとスウェーデンの二人の女性研究者がこのような事実を発表した。

ある遺伝子のはたらきを知るには、それを壊してどんなはたらきが失われるかをみるのが生物研究での常套手段である。「クリスパー・キャス9」は、誰もが遺伝子をすばやく壊せるこれまでにない技術であり、研究の急速な進展を支えている。

従来の遺伝子組換え技術では目的とする遺伝子だけを壊すことはできなかったのだが、この技術だと狙いうちができるのだから、品種改良や医療で結果が早く出る。たとえば、既に筋肉の成長を抑えるミオスタチン遺伝子を破壊し、マダイやウシで一・五倍から二倍の筋肉のついた個体ができている。この場合新しい遺伝子を入れていないところが鍵である。医療でもエイズや筋ジストロフィーなどの治療への期待が高い。

組換えDNA技術は遺伝子工学と呼ばれたが、これがゲノム編集と呼ばれるのは、工学でなく情報を活用した技術であるということだろう。その通りだが、ゲノム情報のありようは未解明であることを肝に銘じたい。この技術を用いた新しい遺伝子の導入も可能であり、科学としてはこれまでにないみごとな技術だが、とにかく応用は慎重に着実に進める必要がある。

遺伝子と病気――遺伝子決定論からの卒業を

生物学を専門としない方に研究の話をする難しさの一つに、基礎知識が十分でないという問題があるのは確かだ。私が株の話を聞く時と同じである。ただ知識についてはそれなりの理解があればよいので少していねいに説明をすることで乗りきれるが、むしろ面倒なのは思い込みである。かなり浸透している思い込みの一つに、遺伝子決定論がある。遺伝子という言葉を聞いた途端に「私の遺伝子」を思い浮かべ、それで生命現象がすべて決まるというイメージがつくられるのである。それはそろそろ卒業していただかないと困るのだが、かなり根強い。

遺伝子とは何か。研究が進めば進むほどこの問いへの答えは難しくなり、遺伝子と生命現象との関わり合いの複雑さが見えてきている。病気も例外ではない。結核、はしか、赤痢などの感染症が、公衆衛生、ワクチン、抗生物質などの効果で減り、増えてきたのががん、糖尿病などのいわゆる生活習慣病である。感染症が外因性であるのに対してこちらは内因性、ここで遺伝子が浮かびあがる。

一九八〇年代、初めてがん遺伝子が見つかった時は、これでがんは治せると研究者は興奮した。しかし次第に、がんに関わる遺伝子は多種多様で、しかも複数の遺伝子が段階的にはたらいてがん化するのであり、感染症の場合病原体は一つだが、それとは違うことがわかってきた。そこで、細胞にあるＤＮＡのすべて（ゲノム）を解析し、そこからがん遺伝子を探すほかないと考え、ヒトゲノム解析プロジェクトを始めたのである。「全体を見なければダメだ」という生きものからのメッセージを受け止めたものと言える。そこで、目的の遺伝子を探す時は常にゲノム全体を見ることになった。確かにこれで研究は進んだが、その結果、遺伝子と病気の関わりはますます複雑であることがわかってきているのである。

たとえばアルツハイマー病を遺伝する家系で説明できるのは全体の一%、九九%は孤発性である。家系性では発症に関わる遺伝子が三つ発見されているが、その重要な遺伝子の変異が原因となるのは、発症の一〇%程度なのだ。一%の中の一〇%なのだから、全体の〇・一%でしかない。つまり、発症しているアルツハイマー病のほとんどはこの遺伝子では説明できない、ということである。

実は、孤発性の原因遺伝子はまだ見出されていない。そこで直接遺伝子を探すのではなく、発症すると蓄積するタンパク質（アミロイドβ）の分解酵素を見出すという実態からのアプローチがなされ、そこから治療への道が見えてきた。遺伝子万能という単純な話ではないという一つの例である。

オートファジーは細胞のリサイクル機能

大隅良典氏のノーベル医学・生理学賞の受賞で「オートファジー」という言葉が急速に広まったが、この現象を理解するには細胞のはたらき全体を知り、その中にこのはたらきの位置づけをする必要がある。

基本の基本から行こう。一〇ミクロンほどしかない小さな細胞の中は膜で区切られ、はたらきの異なる区画に分けられている。小器官（オルガネラ）と呼び、最もよく知られているのはエネルギー生産に関わるミトコンドリアだろう（植物には葉緑体もある）。それ以外に、小胞体、ゴルジ体、ペルオキシソーム、リソソーム、エンドソームなどがそれぞれ特有のはたらきをしている。オートファジーにはこのうちのリソソームが関わる。

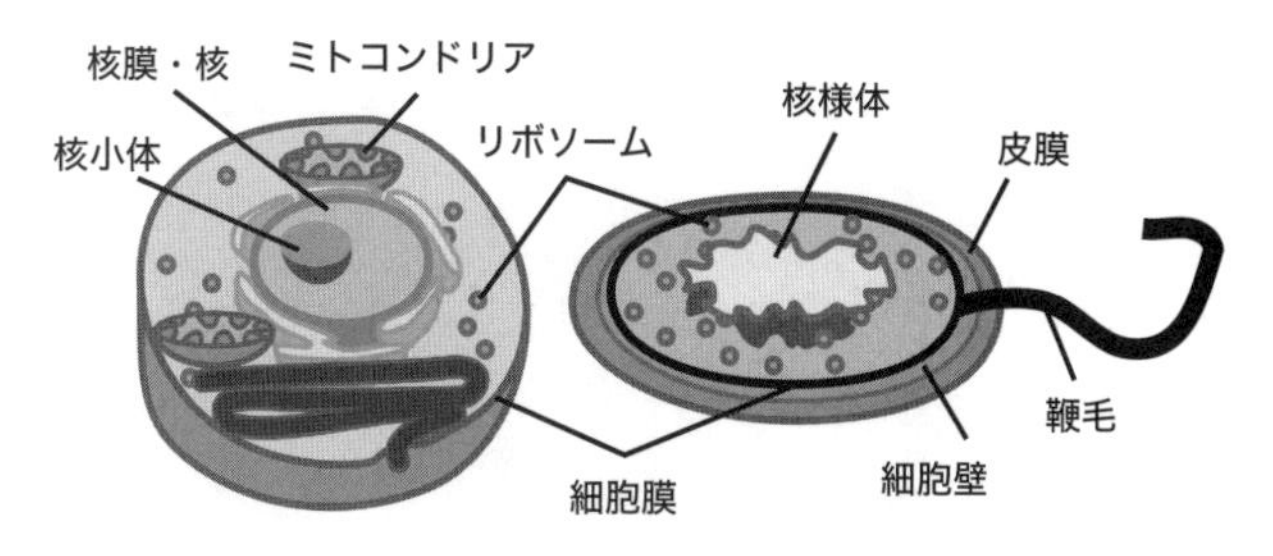

細胞の構造
（JT 生命誌研究館ホームページより）

細胞のはたらきを考える時は、当然タンパク質の合成に眼が向く。けれども実際には使い終わったタンパク質の分解が不可欠であり、もしこれが行なわれなかったら細胞内は余計なタンパク質で溢れてしまうだろう。われわれの日常生活でも生産優先で廃棄物処理は二の次にされてきたが、研究でも同じで、重要であるはずの分解の研究にはあまり眼が向けられなかった。その中でもまず解明されたのが、ユビキチン・プロテアソーム系である。ユビキチンという小型タンパク質で標識されたタンパク質だけをプロテアソーム（円筒構造体）が分解する巧妙な仕組みである。この仕組みは生産過程でつくり損なったタンパク質の処理にも活躍する。

次いで登場したのがオートファジー（自食作用）である。こちらはタンパク

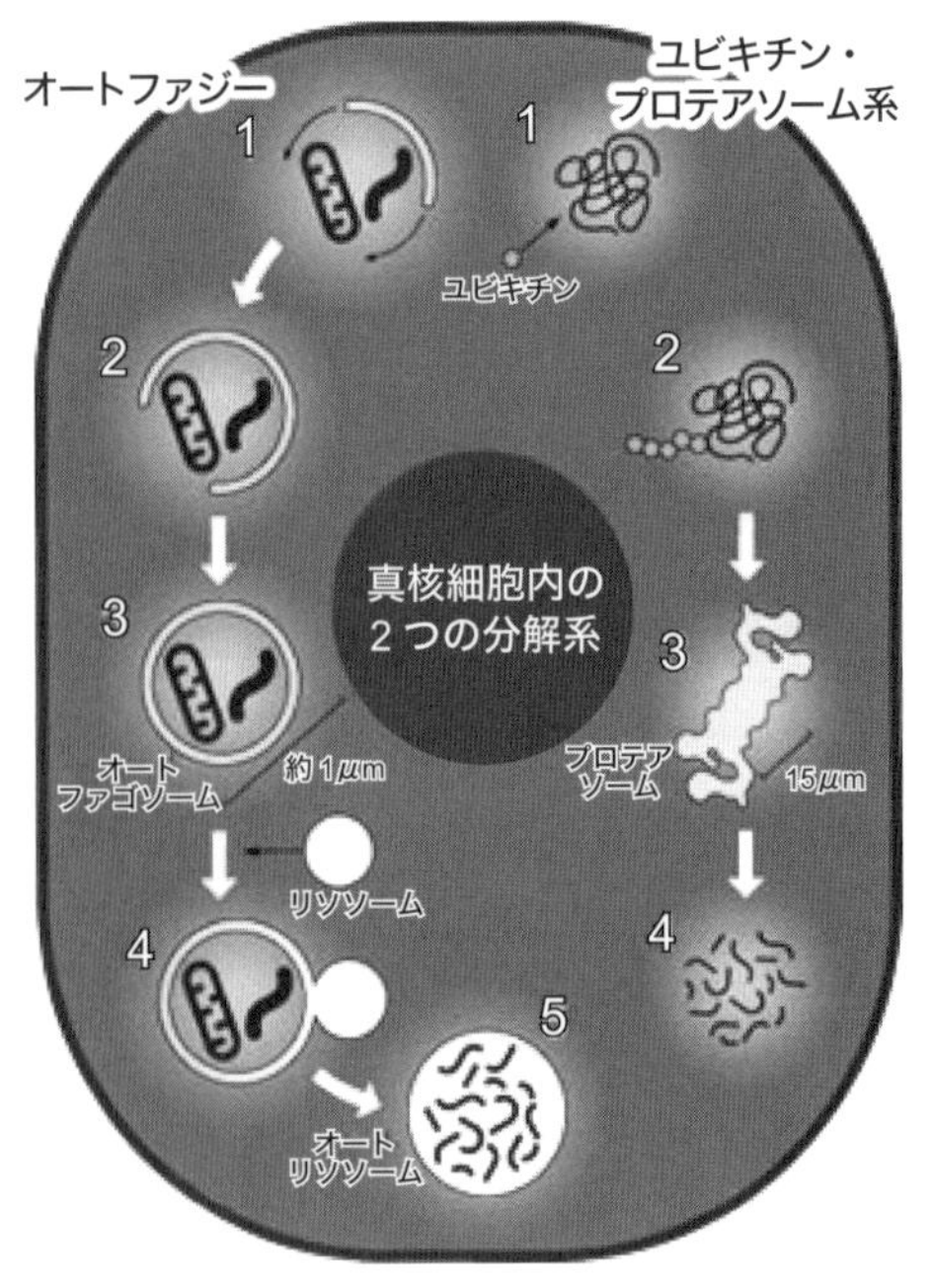

【オートファジー】
1 細胞内に現れた隔離膜が……
2 細胞の一部を囲い込み……
3 二重膜のオートファゴソームをつくる。
4 そこへさまざまな加水分解酵素を含んだリソソームがやってきてオートファゴソームと融合すると……
5 オートリソソームとなり加水分解酵素がオートファゴソームの内膜やオルガネラ、タンパク質を分解する。

【ユビキチン・プロテアソーム系】

不要なタンパク質にユビキチンが目印としてつき、プロテアソームによってバラバラに分断される。

（水島昇氏作成、JT 生命誌研究館ホームページより）

質だけでなくミトコンドリアなども分解する細胞全体の清掃係の役割を果たす。まず、細胞内の一ミクロンほどの領域が膜で囲まれ、これをオートファゴソームと呼ぶ。この膜にリソソームの膜が融合し、オートリソソームになって内容物が分解されるのである。

ところで、近年になって、オートファジーが単なる分解以上の役割をもつことがわかってきた。この能力をもたない系統のマウスは、正常に生まれはするが育たないのである。胎盤から栄養を供給されていた胎児は、出生と共に飢餓にさらされる。外から栄養分は入ってこないのだから、オートファジーを活性化して、タンパク質からアミノ酸をつくる必要があり、それができなければ栄養不足を免れない。単なる廃棄物処理ではなく、リサイクルで持続可能性を維持しているのであり、人間社会もここから学びたい。

「生きものらしさ」の一つとしての死

大沢文夫先生のゾウリムシに見る「生きものらしさ」の本（『「生きものらしさ」をもとめて』藤原書店、二〇一七年）が評判だ。先生が運動面からの面白さを指摘なさったゾウリムシは、生命誌の中でも大事な位置にある。

細胞には原核細胞と真核細胞の二種類がある。三八億年前、地球に初めて生まれた細胞は原核細胞、現存生物で言うなら細菌（バクテリア）とアーキアの仲間だった。増殖がお得意で、条件さえよければ分裂を続け不死身である。

生命誕生以来原核生物しか存在しなかった地球に、二〇億年前、つまり生きものの歴史のちょうど半分ほどのところで真核細胞が登場した。ゾウリムシはこの仲間であり、バクテリアとは違う生きものらしさを見せてくれる。

真核細胞は、体積が原核生物の一〇〇〇倍と大きい。真核細胞誕生の頃の地球の大気には酸素が存在していたので、これをエネルギーとして活用できることが大きな細胞の存在を促したのだろう。酸素をつくったのは光合成をするシアノバクテリアであり、まったく新しいタイプの仲間を生みだす環境をつくり出すという大事な役割を果たしたことになる。

環境問題を語る時、自然は変わってはいけないとおっしゃる方があるが、生きものは、自分の暮らす世界を自分で変えていくものなのである（もっとも、現代社会で人間が引き起こしている変化は速すぎるところに問題がある）。

一〇〇〇倍もの大きさになると、体積に対する表面積の割合が小さくなるので、外との十分な関わりをもつために膜をたくさんつくり、それを通して物質を活発に動かすようになった。また大きさを支えるための細胞骨格ができ、これが構造の支えだけでなく細胞内でさまざまな物質を必要なところに運ぶための道路にもなるなど、細胞内は都市のようになった。

こうして一個の細胞がまさに生きものらしさを発揮するようになっていくのである。興味深いことに真核細胞は、生きものらしさの一つとして寿命をもつことになる。別の言い方をするなら「死」を内包することになるのだ。

死の内包を含め、新しい細胞については、他にも語らなければならないことがたくさんあるのだが、詳細はまた次の機会にゆずる。

個としての細胞と全体の一部としての細胞

前回、真核細胞は寿命をもつことになったと語った。これがひいては個体の死につながるわけだが、その途中に細胞が集まってできた個々の臓器の寿命という課題がある。心臓は約二〇億回の心拍を打つと力尽き、心拍数の速い動物は寿命が短い。人間の心拍数は一分間に五〇―八〇回ぐらいだが、マウスは三〇〇回ほどと速く寿命は二年ほどだ。

心臓は直接個体の寿命につながるが、それ以外のいずれの臓器も時間と共に機能が衰え、寿命を迎える。ここで、それぞれの機能を支える血液を大量に消費する臓器ほど老けやすいという事実が見えてきている。

血液消費の一位は腸（三〇％）、二位が腎臓（二〇％）である。二つで五〇％

とはかなりの比率である。ちなみに三位は脳と骨格筋で一五％である。脳は重量の割に血液消費量が多いので、座って本を読んでいるから、エネルギーを使っていないと思うのは間違いだ。

血液が運ぶのは赤血球のヘモグロビンと結合した酸素、免疫反応をする白血球、止血用の血小板である。血漿には、腸からの栄養素、腎臓からの老廃物、その他ホルモンなどさまざまな物質がある。

まず、血液が運んだ酸素を利用して細胞内のミトコンドリア（元は寿命のない原核生物が取りこまれたもの）がエネルギーを生産するのだが、腸と腎臓の細胞にはミトコンドリアが多い。この二つの臓器は栄養分と老廃物の吸収に関わっており、吸収という作業はエネルギーを多く必要とするからである。そしてこの作業の衰え、つまりミトコンドリアの機能低下が、細胞を弱らせ臓器を衰えさせていくことになる。

つまり、これらの臓器が老いやすいのは、ミトコンドリアの機能の衰えによると言える。本来死ぬことのなかった原核生物由来のミトコンドリアが、真核細胞に入ったことによってある種の寿命をもつというのは興味深い。しかもミトコンドリアの寿命が、臓器の寿命、さらには個体の寿命につながるのだから生体は複雑なものである。

一個の細胞としての生き方と、全体の一部になった時の生き方との違いが、生きるという言葉の中身を深めてくれたように思う。ここでは原核細胞がミトコンドリアとして真核細胞の一部になったところを見たが、真核細胞についても、それが一個で生きている時と多細胞生物の一部になった時では生き方に違いが生まれるのである。生きものの世界にある階層性は、生きものを特徴づける大事な概念である。

細胞接着分子の発見物語で研究の本質を

大沢文夫先生のゾウリムシに刺激されて、真核細胞のもつ「死の内包」について語った。その最後で触れたように、真核細胞はもう一つ、多細胞化という特徴をもつ。細胞は一個では肉眼で見えない。人間も含めて今見えている生物界をつくっているのはすべて多細胞生物である。細胞がバラバラにならずに接着していなければ、私たちの体はできない。

この接着の機構を解明したのが、生命誌研究館の初代館長岡田節人先生の京大時代のお弟子さん、竹市雅俊さんだ。カドヘリンと名づけた、細胞の間をつなぐタンパク質を発見したのである。

一九五〇年頃、ニワトリ胚の腎臓をタンパク質分解酵素トリプシンの液につけるとバラバラになることが見出され、接着分子はタンパク質とわかっていた。そのタンパク質を探そうと、トリプシンでバラバラにした細胞を回転培養しながら再集合させる実験をしていた竹市さん。この研究を抱えてアメリカに留学し、その留学先では再集合を再現できずに悩むことになったそうだ。

日本での実験との違いは、トリプシン液にカルシウムのはたらきを抑える薬剤が入っていることだとわかり、カルシウムの重要性に気づいた。これがカドヘリン（カルシウムを必要とする接着分子）の発見につながったのである。研究では、うまく行かない時に原因をていねいに考えると、小さいけれど実はとても重要なことが見つかることがよくある。これの積み重ねが研究だと言ってもよいかもしれない。

タンパク質探しをする時には、細胞接着を阻害する抗体をつくり、それと反応するタンパク質を探すのが常套手段である。ウイルスや細菌などの抗体を体内につくらせて侵入する病原体を捉える予防接種と原理は同じである。ただし、未知のタンパク質の場合、その抗体を探すのは難しい。ある時、竹市さんは、マウスでF9という細胞の抗体が分裂中の受精卵の細胞の結合をゆるくするという論文を見つけ、F9を用いてカドヘリン発見への道をつくった。一見無関係の論文にヒントを見つけるのも研究のコツだ。

体がバラバラにならないようにしている重要な分子の発見物語で、研究室の日々の生活を思い描いていただけただろうか。失敗やあまり関係ないと思える事柄も役立つことがあるというのは、研究だけでなくさまざまな分野で起きていることかもしれない。

寿命遺伝子とカロリー制限

細胞の寿命、臓器の寿命と考えてきたからには、個体の寿命に眼を向けないわけにはいかない。「敬老の日」に、現存の最長寿日本人は鹿児島県の田島ナビさん（一一七歳）であり、現在長寿世界一と知った*（二〇一七年）。ギネスブックにある長寿世界記録はフランスの女性J・カルマンさんで、一九九七年に一二二歳で亡くなったとある。画材店を訪れたゴッホを覚えているとの話に、歴史が近くにきたような気がした。ヒトの寿命は、一二〇歳ほどと考えるのが妥当とされている。

*二〇二一年九月現在、福岡の一一八歳、田中カ子（ね）さんが国内最高齢で、存命中の世界最高齢。田島ナビさんは二〇一八年、一一七歳二六〇日で亡くなった。

それにしてもわが国の一〇〇歳以上の人口が六万七千人との報道には驚いた。事実一〇〇歳に近い方のさまざまな分野での活躍が目立つ。現在長野県が最も長寿で、平均寿命が男性八〇・八八歳、女性八七・一八歳、お漬物など塩分を多く摂っていた食生活の改善が功を奏したとある*（二〇一七年）。これは環境の影響の大きさを示すが、寿命に関わる遺伝子も気になる。

*二〇二一年現在、一〇〇歳以上は八万六五〇〇人。最も長寿者が多いのは島根県。

線虫という一ミリほどの生きものは、三日で成熟し、一〇日目頃から老化が始まり、二一日ほどで死ぬので、老化や寿命の研究に用いられる。老化が遅く寿命が長い突然変異体で変化している遺伝子を探したところ、一二種類ほど見出された。分類すると大きく三つの性質が見えてくる。一つは体のリズムに関わる、いわゆる時計遺伝子であり、変異体ではすべてがゆっくりと進み、寿命が一・五倍になった。他の二つは活性酸素に関わる遺伝子と、神経や内分泌に関わる遺伝子である。活性酸素は、細胞を損傷するのだから、さもありなんである。

一方、カロリー摂取の制限で、寿命が一・四—二倍延びることもわかった。興味深いのは酵母菌の寿命を左右するSirzという遺伝子に似た遺伝子（サーチュイン と命名）が人間でも七種類見つかり、カロリー制限によってサーチュインが活性化されることである。寿命が延びるという確証はないが、何かありそうだ。でもこの時のカロリー制限が、四〇％とか七〇％と聞くと、そこまでして長生きするか、心ゆくまで食べる方を選ぶか、迷う。

最小のバクテリア・マイコプラズマ
――期待と恐さが同居する「合成生物学」――

合成生物学という新分野が最近急速に進展している。ゼロから人間をつくり出すというほど恐ろしいものではないが（そんなことはできない）、生きものに対して「合成」という言葉はちょっと引っかかる。

もっともその始まりは、生きものを知りたいというところにある。著名な物理学者R・P・ファインマン（一九一八―八八）の「自分でつくれないものを私は理解していない」という言葉そのままに、生きものを本当に理解しようとするならつくってみることだ、と考える人たちが出てきたのである。というより、そう考える人が合成に取り組むところまで技術が進んだ、と言う方が当たっている。

まず紹介したいのは、アメリカのC・ベンター。国際的なヒトゲノム解析プロジェクトに対して、ベンチャー企業を設立し独自の方法でゲノム解析を進めた強者である。ヒトに限らず、ゲノム解析に強い関心をもっていた彼に、病原菌ヘモフィルス・インフルエンザの研究者がゲノム解析をもちかけた。その後バクテリアの中で最小と言われるマイコプラズマ・ジェニタリウムの解析にも関わり、二つの微生物のゲノムを比較した。

前者は一八〇万塩基対でタンパク質をつくる遺伝子は約一七四〇個、後者は五八万塩基対で、同遺伝子は四八二個である。アミノ酸合成の遺伝子となると前者は七〇個あるのに対して後者は一個と大きく違う。マイコプラズマは寄生するヒトの細胞からアミノ酸を得ているのだ。このように解析は進んだが、それぞれの遺伝子の機能を知るのは難しい。

小さな生物のゲノムを調べているうちに、生きるために必須の最小限のゲノムはどのくらいの大きさなのだろうという問いが生まれたのは当然だろう。それを知りたいと強く願うようになったベンターは、小さな細胞がもっている遺伝子を次々と壊し、それがないと細菌が死ぬ必須の遺伝子、さらには準必須、非必須などと分類していった。

その結果、生きることを支える最低の数として、五三万塩基対、遺伝子数四七三個という答えを出した。そしてそのようなＤＮＡを合成してつくり出した人工ゲノムを、ＤＮＡをもたない近縁の細胞に入れたところ、その細胞が増殖することを見出したのである。実験を始めてから二〇年かかった。とにかく人工ゲノムがはたらくところまできたのが現状である。ゲノムを入れた細胞は自然界にあるものを用いたのであり、ゼロからの合成には程遠いということは再確認しておきたい。

生きものを知る研究の一つの方向として理解できると同時に、ここで合成という言葉を使っているのは、生物を合成可能と考えていることを示しているのだろう。人間の傲慢さが目立つ昨今のこと、このような研究が歯止めなしに進むのはやはり恐い。

小惑星の衝突——わからないことはわからないという話

夏休みの定番読書として恐竜の本を読んでいたら、「小惑星が地球に接近」というニュースが流れてきた（二〇一九年）。大繁栄していた恐竜が絶滅した原因はユカタン半島に小惑星が衝突したことであるとは、今や定説だ。それと同じことが起きる危険性はゼロではないという警告かなと思い、調べたら「直径一〇〇メートルを超す」と書いてあったので、落ちてくるところを想像したらちょっと恐くなった。

もっとも、ユカタン半島に落ちた小惑星の直径は一万メートルほどもあり、今回の小惑星の一〇〇倍だ。体積にすると一〇〇万倍となる。エベレストより大きい塊が時速一〇万八〇〇〇キロメートル（ジェット機の一〇〇倍以上）で飛んできたというのだから恐ろしい。

最近の研究の成果から当時の様子を描くと、一六〇キロメートルにも及ぶクレーターを残した衝突の瞬間、黄色い閃光が空全体を照らしたようだ。数秒後、大地は波を打ち始め、動物たちは空高く打ち上げられ、地面に叩きつけられた。猛烈に熱い岩の破片が空から落ち、肉に食いこんだとも書かれている。その後一〇年ほどの地球は暗くて寒く、多くの生物が消えた。

この時の小惑星があまりにも大きいので直径一〇〇メートルは小さく感じられるが、衝突すれば東京都全域を破壊するとあるから、ノホホンとしてはいられない。

「科学は何でもわかるようなことを言っているのに、ニアミス直前まで接近がわからなかったなんて信じられない」と言う声をたくさん聞いた。専門家である日本スペースガード協会は、世界各地での観測情報を総合すると、問題の小惑星は「２０１９０Ｋ」と名付けられた地球近傍天体であると言っている。

このような天体は地球に衝突する懸念があるので、常に監視しているのだそうだ。ただ接近角度や明るさなどによって、「見えないこともあります」というのが正直なところだという。

わかることはわかるけれど、わからないことはわからないのが科学だ、と改めて思った次第である。科学は〝役に立つ〟とばかり言い過ぎないように気をつけなければならないと思う。

4

人体の不思議に迫る

時計遺伝子があらゆる体細胞に
――末梢が全体を調節するのかも――

体内時計という言葉はご存知だろう。腹時計とはちょっと違い、私たちの脳の視交叉上核(しこうさじょうかく)が時計の役割をしているのだ。視神経からの光の入力によってほぼ二四時間のリズムを刻んでいる。概日リズムとも言われるように脳内時計は「ほぼ二四時間」なのである。日常私たちが時計が刻む正確な二四時間を単位に行動できるのは、眼からの光で脳内時計が調整されているからである。視交叉上核での神経細胞のはたらきは、光に伴って昼は高く、夜は低いリズムをもち、ホルモン分泌などもこのリズムに従っている。

リズム異常を示すショウジョウバエを用いてリズムに関わる遺伝子が特定され、それと相同の遺伝子が私たちヒトにも存在することもわかってきた。少なくとも一二個の時計遺伝子が存在することが知られており、その遺伝子の情報でつくられるタンパク質はいつも二四時間のリズムでつくられている。ところで近年、時計遺伝子が視交叉上核の細胞だけでなくあらゆる体細胞に存在することがわかってきた。末梢時計と呼ばれる。通常これは脳の時計でコントロールされており、親時計が壊れると末梢時計も本来のリズムを刻まなくなる。

ところで、光以外にさまざまな物質が体内時計の動きを変化させることがわかってきた。その一つにカフェインがある。七週間続けて就寝三時間前にカフェインを摂取したところ、体内時計が遅れるという結果が出た。量は体重一キログラム当たり二・九ミリグラム、体重六〇キログラムの人でコーヒー三杯分にあたる量である。強い光の下では一〇五分、弱い光の下では四〇分の遅れが見られた。強い光だけによる遅れは八五分なので、カフェインの影響があることは明らかだ。カフェインが細胞表面にある「アデノシンA1受容体」について、そのはたらきを変えるためらしいこともわかってきた。

この受容体は、脳よりも腎臓や肝臓の細胞に多いので、カフェインの影響は脳の親時計ではなく末梢時計を遅らせているのではないかと考えられる。詳細な仕組みの解明はこれからだが、末梢時計の変化が脳に影響して体全体の時計が変化するのかもしれない。命令が上からだけくるのではなく、各組織への環境の影響が体全体の調節に関わるのだとしたら面白い。

アインシュタインの脳はどこが違うのか

アインシュタインの脳はわれわれ凡人とは違うんだろうな。なんとなくそんなふうに思ってきた。図抜けて優れた知性を示した人物の脳にはどんな特徴があるのかを知りたいとは誰もが考えることだが、脳神経解剖学者M・ダイアモンドはそれを実践した。アインシュタインの脳について、大脳皮質連合野など知性に関わる部分の神経細胞（ニューロン）の大きさや数を計測したのである。結果は意外にも、身近にいる四七歳から八〇歳の男性一一人の脳と何ひとつ違いはなかったのである。

ところが、神経膠(こう)細胞（グリア）はアインシュタインには他の人の二倍あることがわかった。とくに抽象的概念や複雑な思考を司る頭頂葉皮質での差が顕

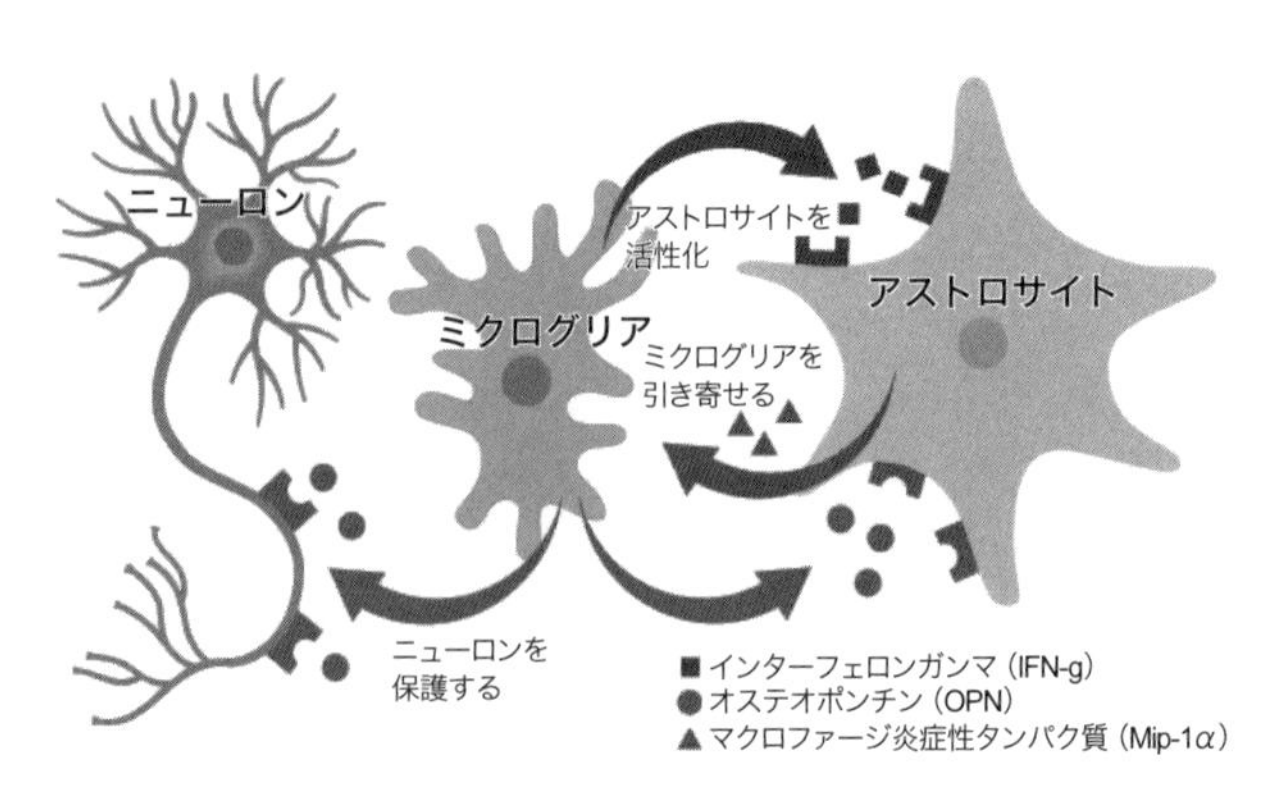

海馬を修復する細胞間ネットワーク
（JT 生命誌研究館ホームページより）

著だった。神経細胞の接着役、せいぜい栄養補給係としか見られてこなかったグリアが、実はそれ以上に大事な役割を果たしているのではないかと思わせる結果である。

グリアには四つの種類がある。末梢神経にあるシュワン細胞と、脳・脊髄に見られるオリゴデンドロサイトは、ニューロンの軸索の周囲にミエリン鞘（しょう）を形成し緩衝の役をする。ミクログリアは脳の損傷の回復に関わり、病気や損傷から脳を守る役割をする。もう一つのアストロサイトはニューロンの生存やミエリン鞘の形成などに関わっている。

神経科学者でピアニストのF・ウレーンがグリアに注目し、プロのピアニストは右脳にある白質神経束の一部を覆うミエリンが通常より厚いことを示した。ここは指の運動を制御する領域から軸索を運んでいる。ピアノレッスンの開始時期や、さまざまな年齢での練習時間との関係を調べたところ、まさに練習時間がミエリンの厚さと比例していた。

研究は始まったばかりだが、われわれ脊椎動物と無脊椎動物の違いの一つがグリアの存在であることからも、この細胞のはたらきの重要性は予測できる。脳のはたらきと聞くと反射的にニューロンを思い浮かべるが、精神疾患や多発性硬化症など神経の病気にもグリアが関わっていることがわかりつつある。思い込みを捨て、新しい脳の姿を見ていくと脳のはたらきの新しい側面が見え、病気の予防や治療につながることも期待できる。

シュワン細胞の発見——若者を生かす難しさ

前回紹介した神経膠細胞（グリア）の一つである、末梢神経にあるシュワン細胞の発見者T・シュワン（一八一〇—五二）の研究への態度が興味深い。

彼は、短期間に連続して大きな発見をしている。まず一八三六年、二六歳の時に、豚の胃液から肉を溶かすはたらきをもち、熱によってその活性を失う物質を発見し、「消化」を意味するギリシャ語ペプトスに因んで「ペプシン」と名づけた。今では常温の生体内で化学反応が進むために不可欠な酵素の存在はよく知られているが、そのきっかけとなった研究と言える。ペプシンはタンパク質を分解する酵素である。

二七歳の時には、アルコール発酵が酵母によって起きることを見つけている。

パストゥールがこれを主張し、ドイツの著名な有機化学者リービッヒの「発酵は生きものとは無関係」という考えと闘ったという話はよく知られている。それより早くシュワンは同じ結論に達しており、同じドイツ人であるためにパストゥール以上にこっぴどくやっつけられ、学界で冷たく扱われたらしい。

しかし、その中でもシュワンの才能は展開する。一八三九年には生物はすべて細胞を基本単位としているという細胞説を提唱した。その前年、シュライデンが植物についての細胞説を出しており、彼と話し合ったシュワンは脊索(せきさく)細胞を顕微鏡で観察し、動物も細胞が単位であると確信したのだという。そして、次に行なったのがシュワン細胞の発見である。

二〇代の若者が酵素、発酵、細胞、神経という現代生物学の基礎に関わる重要な発見を次々と行なったことに驚く。しかもそこから「代謝」という言葉も生みだしている。ところが、当時の学界の権威たちに認められず、今も業績の割にその名は知られていない。権力によって振り回されるという点で、科学も世俗から離れたものではないということが見えてくる。

すべての生きものは細胞から成り、その活動を支える代謝の鍵となるのが酵素である。発酵も酵素のはたらきで進められている。シュワンは、生きているとはどういうことだろうという基本を考えていた人であり、その思いは神経のはたらきにまで及んでいたのである。学ぶところがたくさんある人として記憶にとどめたい。

第二の脳・腸の細菌——調べるほどに、腸は脳に近く

しばらくの間、脳を見てきたが、ここで第二の脳と言われる腸に眼を移そう。このように呼ばれる理由の一つは、腸には脊髄に匹敵する数の五〇〇〇万——一億と言われる神経細胞が存在するからである。

日々の食事でとり入れたさまざまな食べものの消化は、胆のうや膵臓から出される消化酵素の助けを借りて腸内で行なわれる。腸はそれらの物質をぜん動運動で下へと押しやりながら一部を腸壁から吸収していく。タンパク質、脂肪、糖分など成分によって異なる複雑な消化という過程は、腸にある神経細胞のネットワークによって調整されているのである。

免疫細胞も、腸に最も大量にある。免疫と聞くと、血液や骨髄中に存在し全

身ではたらいている細胞をイメージするが、実はそれよりも腸内にある細胞数の方が多いことがわかってきた。

腸は外に開いており、食べものとしてさまざまなものが直接入ってくるため常に無数の異物にさらされているわけで、ここでの免疫能が重要であることはよくわかる。ところで、腸内には多様な細菌が暮らし、それが私たちの体の一部とも言えるほど重要な存在であることは近年よく知られるようになった。腸内細菌の種類が、脳の機能まで含めての健康に重要な役割を果たしているのである。免疫細胞はそのような細菌は仲間と認め、病原菌など悪性のものだけを排除するのだからみごとなものだ。

そのうえ、ホルモンを出す内分泌細胞も腸には大量にある。これまた脳下垂体や副腎などホルモン分泌の専門組織よりも腸にある方が多いというのである。たとえば先述のぜん動運動を司る神経系のはたらきは、腸壁から分泌されるセロトニンで活性化されている。しかも腸で起きている事柄の情報は、神経と血流とを通して脳に伝わり、さまざまな感覚を引き起こす。

腸という臓器のはたらきは、その中にある細菌叢（さいきんそう）のありようも含めて脳と強く結びついていることが見えてきた。食べることが生きることを支えているというあたりまえとされてきたことに、実はかなり深い意味があることが科学によって次々明らかにされてきた。私たちが生きものとして日常感じていることを、具体的に説明できる時、科学は面白いと思う。

神経免疫学――脳のはたらきにも関わる免疫

本庶佑先生のノーベル医学・生理学賞受賞で免疫への関心が高まっているので、免疫学の中の新分野である神経免疫学を紹介しよう。

長い間成人でのニューロン（神経細胞）の再生はないとされてきた。歳をとれば脳のはたらきは衰えるばかりと思いこまされてきたわけである。ところが、近年、たとえば学習や記憶を司る海馬では、ニューロンが一生つくり続けられることがわかってきた。しかも自発的にバランスのとれた身体活動をすると、新生ニューロン数が増えることも示された。

ここで免疫系がニューロン形成に関わっているのではないかと考えたミハル・シュワルツ（『神経免疫学革命――脳医療の知られざる最前線』アナット・ロン

ドンと共著、松井信彦訳、早川書房、二〇一八年）は、免疫系をはたらかなくしたマウス（病原体に触れないよう隔離して飼育）で新生ニューロン数を数えてみたところ、明らかに正常マウスの場合より少なかった。しかもそれが骨髄移植（免疫細胞移植）で救えることもわかった。

次いで彼女は、マウスのケージに回し車やトンネル、さまざまなおもちゃなどの遊び道具を入れてみた。どのマウスも喜んで体を動かし、正常マウスでは、予想通り静かにしている時より神経の新生が増えた。ところがここでも免疫不全のマウスでは新生ニューロン数は少なく、身体活動の影響が出なかったのである。

ここで調べてみるべきは脳のはたらきである。そこでマウスでよく行なわれるテストをすることにした。マウスは水が嫌いなので、水迷路（円形プールの水面下にプラットホームを置いたもの）に入れられると、懸命にプラットホームを探してそこに乗る。早くプラットホームを探せたマウスは賢いとするのである。シュワルツはこのテストを専門研究者に依頼した。すると、すぐに「特別にできの悪いグループがあるんだが、どうしたんだ」と電話がかかってきた。免疫不全のマウスだった。そこで免疫細胞を移植したところ、機能は回復したのである。

免疫不全マウスは、学習や記憶障害の他に注意欠陥も見られたが、興味深いのは、その症状が人間でいう思春期にあたる時期まで表れないことである。人間で思春期になって顕在化する失調症が、胎児の時の発達異常に結びつくとされていることを思い起こさせる。なにか関連があるのかもしれない。

ここではたらく免疫細胞が、免疫系では悪者とされる自己免疫細胞とわかってきたというのも興味深い。いつも思うことだが、生きものの世界では、よい、悪いを簡単に決められないのだ。すぐに○か×かを問う今の社会は、生きものには合わないとまたもや思わされた次第である。

リスクに対する最適な備え
——神経から免疫へのはたらきかけ——

前回は、免疫系が神経系に影響を与えることがわかり始めたという話を書いた。今回は逆に、神経系の免疫能への影響をとりあげる。

交感神経と副交感神経からなる自律神経系が、体の内外の環境変化に応じて臓器のはたらきを調節していることはよく知られている。交感神経の活動は、私たちの場合は昼間が高く、マウスのような夜行性の動物では夜間に活発になり、臓器のはたらきもそれに対応している。免疫能にもそれが見られることは古くから知られていたが、具体的なメカニズムはわかっていなかったので、その解明への挑戦がなされた。

まず、免疫に関わるリンパ節やリンパ管には、ノルアドレナリンを分泌する交感神経はきているが、アセチルコリンを出す副交感神経はきていないことがわかった。そこで、ノルアドレナリンの作用を調べたところ、リンパ球にあるアドレナリン受容体が刺激され、血液中、リンパ液中のリンパ球が減少することが明らかになった。減少するのは、リンパ球がリンパ節からリンパ管へと出ていくのが抑えられるためということもわかった。

先般、インフルエンザワクチンの接種をする際に朝組と夕方組に分け、それぞれの抗体生成を比較したところ、朝組の方が抗体量が千倍高かったという報告が出た。マウスでの実験でも同様の現象が見られており（マウスの場合、夜組の方が高い）、免疫反応の日内変動の基本は解明されたと言える。

もっとも、現在知られている抗体量の差が、ワクチンの有効性にどれだけの意味をもつかは今後の検討が必要である。

ここまで見てきたリンパ球は、獲得免疫と呼ばれる、病原体などの外敵が侵入した時に特定の対象を捉えるシステムである。これに対して、好中球など外敵全般に備える自然免疫の細胞は、交感神経の活動が盛んな時は末梢の組織に集まる。つまり自然免疫と獲得免疫のそれぞれの役割に合った活動ができるよう、免疫能全体としてリスクに対する最適な備えをしていることになる。神経と免疫の関係のみごとさに改めて感心している。

エボラウイルスの迅速診断
――ウイルス病で知る地道な研究の先端性――

近年日本ではは生活習慣病、なかでもがんへの関心が高く、免疫もがんとの関連で語られる。だが、世界では今も感染症、とくにウイルス病との闘いは重要である。

二〇一四年から一五年にかけての西アフリカでのエボラウイルス病の流行は記憶に新しい。急性出血による致死率九〇％という恐い疾病であり、一九七六年に初めてスーダンとコンゴ民主共和国で同時発生した。

エボラウイルスの自然宿主はオオコウモリであり、このウイルスはコウモリの中では長い間存在してきたと考えられる。ところが、ヒトを含む霊長類に感染すると死をもたらすと同時に、血液その他の体液を通しての感染で大流行となるのである。人間社会での流行は、チンパンジー、ゴリラなどの霊長類を通してであろうとされる。

人間も生態系の一員として生きるからには、野生動物との共存が重要であり、そのためにはエボラだけでなくマールブルグなども含む人獣共通感染症ウイルスのリスクの存在を知ることが大切である。ワクチンもなく、有効な治療薬もまだ確立していないエボラ出血熱に対して現在注目されているのが、日本の研究者による診断キットである。感染症の流行を早期に封じこめるには、感染の疑いのある人を識別する、簡単で迅速な方法が不可欠だ。

この判別には、確度の高い遺伝子診断が有効だが、検査のための機器や電力を必要とするうえに判別に時間を要する。エボラウイルスのように発展途上国で流行することの多い疾病への対処には向かないのである。

北海道大学の高田礼人(あやと)教授は、同じ人獣共通感染症であるインフルエンザで、診断キットを開発した経験を生かし、エボラウイルスの迅速診断キットを試作された。ザンビアの森でこれまでに一〇〇〇頭以上ものコウモリを捕えてウイルスの感染状況を調べてもいる。伝播経路を知って、人間への感染を防ぐ方法を探るところから始まる地道な研究である。ワクチンの開発も含め、このような研究にも先端性を見ることが重要である。

附記

この文を書きながら（二〇一九年）、他の生きものと共有のウイルス感染を自身のこととして考えてはいなかった。なんとなく日本での流行がイメージできなかったというだけのことである。今や新型コロナウイルスのパンデミックで、わが国でも毎日死者が出る状況である。生態系には常に病原体が存在し、感染症は過去のものという考え方は間違っていることを実感している。

グリア細胞とニューロン
――やっとわかってきた食塩と血圧の関係――

私事で申し訳ないのだが、若い頃から低いのを心配していた血圧が急に高くなった。検査をしても原因はわからず、薬を飲み注意をしながら暮らすようにと指示された。そんな時、旧知の研究者が食塩の過剰摂取によって高血圧が発症する脳の仕組み解明の論文を発表した。読まずばなるまいである。

この研究グループは、細胞外液の Na^{+} 濃度上昇に応じて開くチャネル Na x の存在を明らかにしてきた。今回は、飲み水を二％食塩水にして七日間飼育したマウスで体液中の Na^{+} 濃度が上がり血圧も上昇することを確認し、Na x 遺伝子欠損マウスは Na^{+} 濃度は上がるが血圧は上昇しないことをまず明らかにした。次に、マウスの脳室内に直接食塩水を入れて脳脊髄液の Na^{+} 濃度を上昇させたところ、野生型で起こる交感神経の活性化も血圧上昇も、欠損マウスでは起きないことがわかった。

そこで、脳内で交感神経や血圧上昇に関与している器官として知られる「終（しゅう）板脈管（ばんみゃくかん）器官」を損傷させたマウスをつくったところ、予想通りこのマウスは脳室内に食塩水を入れても血圧は上がらないことがわかった。終板脈管器官のニューロンだけを選択的に活性化させる手法を用い、血圧の上昇は活性化の結果であること、この上昇は交感神経活動の阻害剤で消失することも確認できた。みごとな証明だと思いながら読み進めると、実はNaxは終板脈管器官のニューロンでなくグリア細胞に存在することがわかっているのでそこを調べなければならなくなったと書いてある。

グリア細胞とニューロンの関係を調べる必要がある。このように先へ先へと逃げていく答えを探偵のように追うのが研究の大変さであり、醍醐味でもある。ここではグリア細胞のNaxが活性化すると、解糖が進んで乳酸が生じ、この酸

（H^+）がニューロンを活性化するという答えに到達した。こうして食塩が血圧上昇につながる一連のメカニズムが解けたことになる。ここで改めて、みごとな証明だと思った。

日本の成人の約四三〇〇万人が高血圧に悩み、その九〇％が原因不明とされてきた。この研究が、心疾患、脳卒中での死亡の原因ともなる高血圧の治療につながるよう願っている。幸い私の血圧上昇は一時的なもので、薬からは解放されたが、またいつ変化が起きるかはわからない。食塩には気をつけて暮らそうと思う。

ゲノム編集を赤ちゃん誕生につなげるとは 1

あまり取りあげたくない話題なのだが、生きものの研究に関わっている者としては、見過ごすわけにもいかない。すでに報道で知られていることだが、ゲノム編集技術で遺伝子を改変した双子の誕生である。中国の南方技術大学副教授である賀建奎氏が国際会議で発表した（二〇一八年）。中国の生命科学者一二二人が「狂った行為であり、中国の生命科学研究の信用を損なった」と非難の声明を出したのは当然で、世界中の研究者が同じ気持である。

賀氏が遺伝子の改変によって回避しようとしたのはＨＩＶ（いわゆるエイズウイルス）の感染である。ＨＩＶが細胞内に侵入する時に足場とするタンパク質の一つにＣＣＲ５がある。ＨＩＶ感染が大きな社会問題となっていた一九九〇年代にこのウイルスに感染しない人がいることがわかり、その人たちが欠いている遺伝子を探した結果明らかになったタンパク質である。

両親からそれぞれ受け継いだＣＣＲ５遺伝子の両方に三二塩基の欠損があるとウイルスに感染しない。二つの遺伝子のうちの一つだけに欠損がある場合は、感染はするが、エイズの発症までに時間がかかる。白血病のＨＩＶ感染者が欠損のあるＣＣＲ５をもつ人からの骨髄移植を受けたところ、ＨＩＶが検出されなくなったという例がある。

そこで、ＨＩＶ感染者の免疫細胞をとり出し、ゲノム編集技術でＣＣＲ５遺伝子を変異させ、患者に戻すという臨床研究はアメリカなどで行なわれている。ここでは、対象は感染者であり、影響は本人に止まるというところが重要である。

一方、中国での話は、ＨＩＶ感染した男性と非感染の女性という七組のカップルで体外受精をし、その受精卵にゲノム編集を行ないＣＣＲ５を変異させたというのである。この中で二つの胚を母胎に戻し、双子を誕生させたと報告されている。

ヒトの受精卵の遺伝子操作をし、実際に赤ちゃんを誕生させたことだけをみても、誰が考えてもとんでもないことである。中国の研究者が非難声明を出したという事実にちょっとホッとするが、誕生した赤ちゃんには何の罪もないのに、その存在を否定しなければならないのはつらい。技術があるからと言って、行なってはいけないことがあることを忘れてはならない。細かな実態を見てもこの行為は問題山積なので、ＣＣＲ５の変化の様子など具体的な問題点を次回で考えることにしたい。

ゲノム編集を赤ちゃん誕生につなげるとは 2

ゲノム編集技術については第三章（一二一頁）でとりあげた。「細胞内の特定のDNA（遺伝子）を切断する技術」であり、遺伝子の不活性化や切断部位への人工的DNAの挿入による改変もできる。

とは言え、必ず狙い通りにうまくいくとは限らない。事実、今回、中国の賀建奎氏が誕生させた双子のCCR5タンパク質遺伝子には、HIVの感染を防ぐとされる三二塩基の欠損が生じてはいないことがわかった。詳細は省くが、一人は一塩基の挿入と四塩基の欠損、もう一人は変異なしと一五塩基の欠損とある。この数値を見ると、これでよしとして赤ちゃん誕生にまでもっていった神経を疑う。倫理以前の問題である。

この数値を見て出てくる疑問の一つに、一五塩基の欠損に関するものがある。遺伝子DNAの情報に従ってアミノ酸を並べてタンパク質をつくる時には、DNAの塩基三つが一組になり（コドンという）、アミノ酸一つを指定する。そこで四塩基の欠損の場合は、三文字ごとの読み枠にずれが出て本来のタンパク質はつくれない。

しかし一五塩基欠損の場合、一五は三で割り切れるのでそこにあたる五つのアミノ酸は欠けるけれど、その後はCCR5と同じ並び方のタンパク質になるはずである。ちょっと違ったCCR5タンパク質がどうはたらくか。これは誰にもわからないが、何か悪さをしないだろうかと気になる。生きものはまだわからないことだらけだというあたりまえのことを無視した乱暴な行為としか言えない。

専門家の指摘する技術的問題点は他にもある。「ヒトゲノム編集に関する国際会議」は、二〇一五年に「遺伝子改変したヒト胚から子どもをつくるのは現時点では無責任」という声明を出しており、今回の行為には世界中の研究者が非難の声をあげている。とくに生命科学の分野では、新しい技術は常に期待と共に生きもの全体の中でのその技術のもつ意味を考えることは不可欠である。賀建奎氏は研究者としての基本を身につけていない特別の人と考えたいが、このような例が出たことは重く受け止めなければならない。生まれてきた赤ちゃんは非難できないのだ。

人間の眠りと遺伝子
——寝てばかりいるマウスは見つかったけれど——

「春眠暁を覚えず」と言うが、私の場合、春夏秋冬ゆっくり眠るのが一番の幸せである。枕が変わろうが、寝しなにコーヒーを飲もうが、横になったらすぐ眠れる。一方、徹夜が得意な友人は、「なぜ人間は眠らなければならないの」と不満気に言う。

眠りについては、今世紀初めに、脳内物質であるオレキシンが重要物質として浮かびあがった。脳内には覚醒中枢と睡眠中枢があり、覚醒中枢がノルアドレナリンなどの神経伝達物質を出して覚醒状態をつくり、その保持にオレキシンがはたらくというのだ。ところで、これは寝たり起きたりのメカニズムを教えてくれるだけで、睡眠を引き起こす物質は何かという問いへの答えはまだない。

睡眠誘引物質探しは難しい。マウスを眠らせないようにした時に増える物質の探究が続いたが、ストレスの影響が除けないのである。ここで、筑波大学の柳沢正史教授が睡眠異常の変異マウスづくりという新しい方法を始め、変異マウスの精子による人工授精で生まれた子マウス八〇〇〇匹を調べたところ、寝てばかりいるマウスが見つかったのである。

二行ほどで書いたが、存在するかどうかわからない中でこれだけの実験をするのは大変だったろう。研究は信念と根気に支えられ、そこに運もはたらいて進むものと言われるが、ここでもそれを感じる。

寝てばかりいるマウスは、以前からよく知られていたタンパク質リン酸化酵素の遺伝子に異常があった。これは私たちヒトはもちろん、ニワトリ、ツメガエル、ショウジョウバエ、線虫などほとんどの生きものがもっている大事なタンパク質である。この遺伝子にショウジョウバエや線虫で変異を起こさせたところ、睡眠に異常が出たという報告もあるので睡眠一般に関わる遺伝子ではないかと期待させるところがある。

いつも眠たいマウスは脳内の八〇種ものタンパク質のリン酸化が普通のマウスより進んでいることがわかった。これで眠いという状態は一つの物質で起こるものではなく、とても複雑なはたらきが関わるらしいという予測ができる。

睡眠研究が格段に進んだことは確かだが、ここでもまた生きものの複雑さに向き合うことになったと言える。睡眠大好き人間としては、さらに研究が進んでほしいと願っている。

「睡眠負債」はどれくらい眠ると解消されるのか

眠りに就く時に一番幸せを感じると白状しながら紹介した睡眠研究が、さらに興味深い進展を示しているので、もう少し詳しいところに触れたい。

脳内にある八〇種類ものタンパク質のリン酸化が眠気を引き起こすことはすでに述べたが、その中の六九種類が神経細胞から神経細胞へと情報を伝えるシナプスに集中していることが明らかにされた。それぞれのタンパク質がここで何をしているのかはまだ示されていないが、起きている間はどのタンパク質でもリン酸化が進み、眠ると解消されることは明らかになった。眠気の実体と言えることは確からしいこれらのタンパク質が、この場所に存在する意味が明らかになるのはそう遠くはなかろう。

この研究を進めている柳沢正史教授は、ちょうど〈ししおどし〉のように、あるところまでリン酸化が進むとコトンと眠くなり、これが解消されるまで眠ると、さわやかな起床を迎えられると説明している。リン酸化が解消されないままに蓄積していくと、睡眠不足になるわけで、これは「睡眠負債」と呼ばれる。

ではどのくらい眠ればよいのか。一九八八―一九九九年に行なわれた調査では睡眠時間が七時間ほどの人が死亡率が最低となり、これより長くても短くても死亡率が高まるという結果が出ている。ところで、人によって「朝型」と「夜型」があると言われるが、確かにその通りで、これは三〇〇ほどの遺伝子の組み合わせで決まっており、努力では変えられないようだ。もっとも年齢による変化はあり、一〇代になると幼少期より夜型になり、四〇―五〇代で朝型に戻るとされる。年齢を重ねると早起きになるという実感は、データで確認されているのだ。そうは言っても、睡眠時間も眠りの型もあまり神経質にはならずに、ちょっと意識している程度がよいのではなかろうか。

「睡眠負債」は肥満・糖尿病・認知症などのリスクを高めるというデータもある。具体的な仕組みの解明はまだなされていないが、自然に逆らわず上手に眠ることは健康によいというお墨つきをいただけたことは確かだ。眠る幸せをこれまで以上に味わおうと思う。

文法を司る脳の場所——新しい言葉を覚えたくなる発見

言語学者N・チョムスキー（一九二八—）が主張する「生成文法」という考え方をご存知の方は多いだろう。言葉をもつのは人間の特徴であり、これを司るのが脳とはわかっているが、その能力はどのようにして身につくのだろう。

さまざまな言語の発音や単語は、周囲の人々が話すのを聞いて覚えるに違いない。しかし、言葉を操る能力は生まれつき備わっており、言葉の秩序も身につけているというのがチョムスキーの考え方である。

チョムスキーの考え方を支持する事実として、「プラトン問題」がある。子どもは、周囲の人々が話すのを聞いて言葉を覚えていくが、実際に耳にする言葉は限られており、間違った文を聞くこともある。それなのに聞いたこともないような文も話せるようになるのはなぜか。教育を受けたことがないのに高い知性をもつ人がいることにプラトンが驚いたところから、この問いを「プラトン問題」と呼ぶ。

教えられなくても話せるのは、生得的に文法を知っていると考えればよいというのがチョムスキーの答えだ。そこで、脳の中に実際に文法を司る場所を見つけようと考え、挑戦したのが東京大学の酒井邦嘉教授である。失語症の研究から、発語（出力）と理解（入力）の障害については、前者はブローカ野、後者はウェルニッケ野のそれぞれが関わることがわかっている。

酒井教授は、明らかに「文法」の機能を失ったと考えられる症例を研究することによって、入力された言葉を分析して理解することと、言葉を合

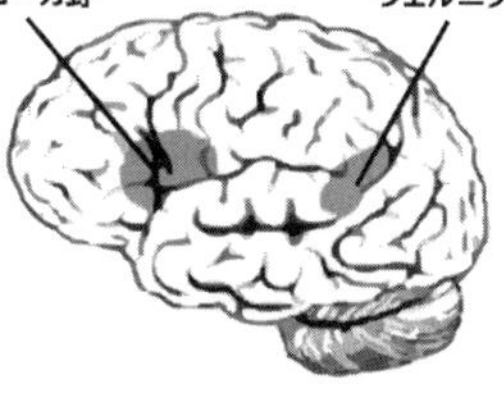

ブローカ野　ウェルニッケ野

前　左側面図　後

脳のブローカ野とウェルニッケ野

成して出力することの両方に関わる場を見出し、そこを「文法中枢」と名付けた。具体的には、「太郎は　三郎が　彼を　ほめると　思う」というような文の理解について調べたのである。このような文章は文法を知らなければ理解できないと考えられるからである。文法中枢は左脳の下前頭回（ブローカ野を含む、前頭葉にある）にあり、短期記憶の場と近いがそれとは異なることも確かめた。

この興味深い発見から、第二言語を学ぶ時も、母語と同じように日常の会話によって身につけることが脳にとっては自然だとわかる。確かに多言語地域に暮らす人は、複数の言語を自然に身につけている。

本来、多数の言葉が話せるようにできているのに、それを活かさないのはもったいない。新しい言葉を覚えてみようかしら。ちょっとそんな気になる。

一人一人に応じてつくられ、はたらくタンパク質

私たち人間の体をつくっているのは主として水と脂質であり、次いでタンパク質が全体の一五％を占める。タンパク質は、種類が多いのが特徴で、一〇万種類とも言われる。私が勉強した頃の教科書には、タンパク質の生成を指令する遺伝子は一〇万ほどあると書かれていた。

ところが、ヒトゲノムを解析したところ、それが約二万二〇〇〇個とわかったのである。ショウジョウバエの遺伝子数が一万二〇〇〇個なので、それとあまり違わない数に、信じられないという顔をした仲間が多かった。

しかし、この事実は生きものの特徴を教えてくれる。私たちの体は、一つの遺伝子の指令で一つのタンパク質ができて決まったはたらきをするというもの

ではなく、柔軟にはたらくのである。ゲノムの中にはタンパク質の構造を決める部分よりもはるかに多くの「タンパク質のつくり方やはたらき方を調整する役割をする部分」があることもわかってきた。以前は、タンパク質つくりに直接関わらないDNAは無駄だと考え、そこをジャンクなどと呼んでいたこともある。その部分が大事な役割をもつことがわかってきたのだ。わからないままにゴミ扱いをしてしまうことは、他にもありそうで、気をつけなければならない。この部分のはたらきで、さまざまな遺伝子が周囲と関わり合いながら、今必要なことを行なうシステムが見えてくる。

私たちの体内ではたらくタンパク質は、必ずこのようにしてヒトゲノムの指令に従ってつくられ、はたらき方を決められるのである。外からとり入れたタンパク質をそのまま体内で使うことはない。さまざまな結合組織にあるコラーゲンは、飲むと美肌になるなどと言われるが、残念ながら経口で入ったタンパク質がそのまま用いられることはない。

タンパク質の摂取が重要であることは事実だが、それは自分のタンパク質をつくるためのアミノ酸摂取なのである。外からとり入れたタンパク質はそのアミノ酸供給の役割をする。アミノ酸には体内で合成できる可欠アミノ酸と、外から摂取する必要のある不可欠アミノ酸がある。どちらも体にとって同じように重要だが、リシン、ロイシンなどの後者はヒトでは八種あり、体内で合成できないので摂取が不可欠なのである。

近年、魚や甘いものなどの好みが遺伝子に関わることなども見出され、タンパク質の摂取と健康との関わりという基本の基本も、一人一人を対象に判断する必要が指摘され始めている。

おわりに――生きものか機械かの選択、滅びへの道を避けて

各コラムは特定のテーマを決めず、たまたま眼にして面白いと感じた研究成果をとりあげて書いてきたので、なんともとりとめがないものになったことをお詫びしたい。

もっとも、どの生きものにも面白いと感じさせるところがあり、どの生命現象にもふしぎを感じさせる魅力がある。それを「生きている」と実感しながら暮らす日常につなげたいという思いをもち続けて書くという基本は守ってきた。その思いが伝わるものになっていたらありがたい。

それにしても、現代社会では「人間は生きものであり、自然の一部である」

というあたりまえのことが忘れられているのは気になる。金融経済の下での、お金偏重、新自由主義による過剰な競争、科学技術による利便性一辺倒という社会の価値観は、生きものとは合わないことは明らかだ。本書で示してきた小さな事柄は、すべてそれを示している。たとえば「関わり」だ。個体はもちろん、細胞や分子のレベルでも、一つで生きることはなく、どれもがすべて関わりの中にある。

生きるということは「過程」そのものであり、今を生きることに大きな意味がある。「早く、早く」はそれを否定する言葉だが、若い保育士に「子どもたちに早くすることを教えなかったら、今の社会では生きていけない人になってしまうでしょう」と言われ、考えこんだ。「子どもは機械ではないのに」と思う。

科学とそこから生まれる科学技術は大いに活かしたいが、「人間は生きもの」という前提を忘れることは許されない。とくに、AI（人工知能）とゲノム編集という、このところ急速に進展している技術は、うっかりすると人間を機械として扱うところにつながる。どちらも有効に使いたい技術だが、それには研究者も社会の人々も、生きものへの眼をもっているという前提が必要である。機械への道か、生きものとしての道か。今やこの選択を求められているのだと思う。

政治、経済の世界は、今もなお成長と進歩を口にし、意識せぬままに機械への道を歩こうとしているのではないだろうか。地球に生きる生きものという認識なしに生き続けることは難しいし、その先に、一人一人が生きることを楽しむ社会はないと思うのだが。「滅び」という言葉さえ浮かんでくる。

II

〈講演〉

いのち愛(め)づる生命誌(バイオヒストリー)

私たちの中の私

藤原書店創業三〇周年記念講演
二〇二一年四月一〇日
於：アルカディア市ヶ谷（東京）

藤原書店創業三〇周年記念の会でお話をさせていただきますこと光栄であり、ありがたく存じます。私の専門である生命誌について、これまで書きました文を集めて『いのち愛づる生命誌』という全八巻のコレクションを刊行していただいておりますので、本日はそれに、最近大切にしております「私たちの中の私」という言葉を、あわせてお話ししたいと存じます。

1

「生命誌研究館」の三〇年

藤原書店が昨年で創業三〇年ですと、一九九〇年にお始めになったことになりますが、私が生命誌研究館の活動を始めたのが一九九一年で、全く同じ頃なのです。何か新しいことを始めなければならないと思わせる時期だったように思います。私は仕事の仕方として、世の中こうなっている、今の流行はどうか、誰かが求めている、お金がもうかりそうだなどというところから考え始めるのが苦手なのです。内発的に今、一番自分にとって大事なことは何だろうと考えること。そうは言っても身勝手ではいけませんので、時代について考えること。もう一つ私が大事にしているのは、権力からは自由で決してすり寄らないこと。多分、藤原さんもこのような考え方をしていらっしゃるのではないかと想像しております（図1）。

・本質を問う（内発的）
・時代認識をもつ
・権力からの自由

図1　大事なこととは

一九九〇年頃は、このような考え方が大事になってきた時代だったと思います。「権力のままに流されていると危ない」と感じた時期です。研究館の建物が建ちましたのが九三年なので、創立は九三年です。二年遅れましたのは、当時は組換えＤＮＡ技術への反撥がありました。大阪の高槻に研究館を建てたのですが、街の中です。「街の中にＤＮＡを研究する建物を建てたら、周りで奇形児が生まれる」という立て看板が立ちました。新しい技術を安全に用いるために世界中の学者が集まって決めたガイドラインがありますので、それに従って行なう研究であることを説明するのに二年かかるという、そんな時代でした。

二一世紀の初めに小泉内閣になって、いわゆる新自由主義の時代になりました。細かいことは申しませんが、これと金融資本主義の組合せは「生きものとして生きる」という生命誌が考える社会とはまったく合いません。その中で二〇一一年には東日本大震災があり、原発事故が起きました。そして現在、新型コロナウイルスのパンデミックで社会は混乱しています。

「私たち」という捉え方

そのような中で生きものとしての人間のことを考えていますと、見えてくることがたくさんあります（図２）。その一つとして、人間関係について、東日本

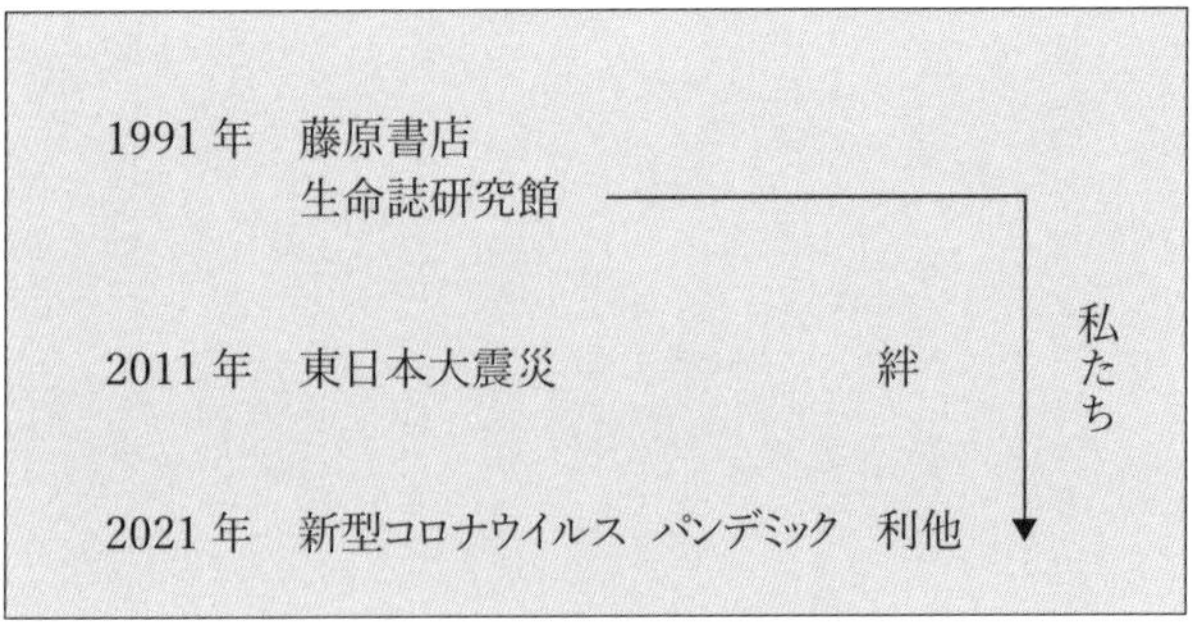

1991年	藤原書店 生命誌研究館		私たち ↓
2011年	東日本大震災	絆	
2021年	新型コロナウイルス パンデミック	利他	

図2　1990年からの30年間

大震災の時に使われた言葉が「絆（きずな）」でした。大事な言葉です。ただ、「絆」はご承知のように本来、家畜などをつなぎ止める綱であって、どこか束縛されている感じがあります。「絆」は大事だけれど、何となく面倒なところもあるという感じです。

そして今度は、新型コロナウイルスによるパンデミックです。私たちがマスクをする理由の一つはもちろん自分が感染しないためですが、このウイルスは感染しても無症状である人が多いのです。そうしますと、今私は症状はありませんが、ウイルスをもっているかもしれない。ですから人に感染させないようにとマスクをします。自分が感染しないためだけではなく、他人への感染を防ぐため。マスクをすることには両方の意味があります。

最近、本屋さんに行くと、タイトルに「利他」という言葉の入った本がたくさんあります。他の人のためを考えるのが大事だという意識が浮かびあがっているということです。これも、とても大事なことです。けれどもこれは基本に利己があってのことです。「利他」は難しいことだけれども、やらなければならないという意識があります。

実は、生命誌を始めた時に考えていたのが、「私たち」という捉え方です。当たり前のことですが、これが答えにならないかと思っています。お断りしますが、これが正しいと申し上げるつもりはありません。生命誌という「知」の中に、「私たち」という捉え方があり、今それが大切になっているのではないかと考えているのです。それを聞いていただきたいと思います。

幼稚園の子どもが描いたような絵（図3）ですが、私という存在は、本来私たちの中にあるということを描いています。私が描きましたので「中村桂子」と書いてありますが、ここには皆さんそれぞれのお名前を書いて下さい。それぞれの方が、「私」であり、「私たち」の中にいるということです。殊更（ことさら）に利他だ、絆だと言わずとも、誰もがみんな「私たち」の中にいるのです。そこで「私たち」と言う時は、普通「私」がいたらまず家族や友人・職場仲間など近しい人がいる、それから私たち日本人となり、さらには人類という「私たち」がある。「私たち」というとこんなふうにお考えになると思います。

ここで、生命誌での考え方の特徴は、「私たち生きもの」という感覚を基本に置くことです。まず「私たち家族」と考えますと、近年とくに「家族って何」という問いが出てきます。現在は家族の形もいろいろ複雑になっています。夫婦別姓も課題ですね。日本人という言葉で考える内容も、人によって異なるとも言えます。このように図3の下の方からたどっていきますと、しがらみがいろいろあって面倒です。まず大きく「私たち生きもの」という考え方をすると、

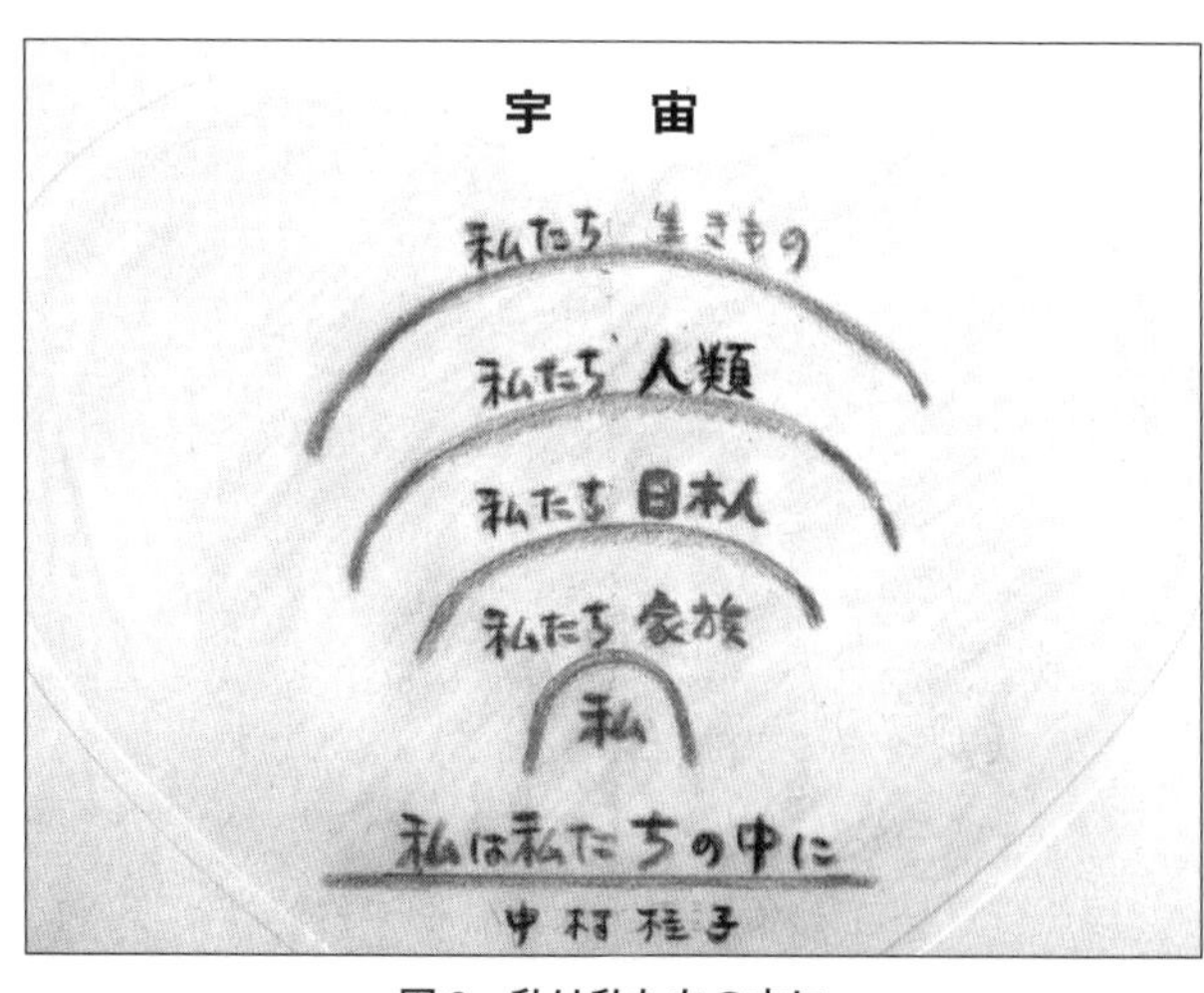

図3　私は私たちの中に

「私たち」が大らかな概念になり、今を考えるキーワードになるのではないかと思うのです。

実は、先日出版しましたコレクションの第7巻『宮沢賢治で生命誌を読む』でお手紙のやりとりをさせていただいた若松英輔さんが、〝寺田寅彦が災害は個の体験ではあり得ず、共同体の脅威であると言っている〟と紹介されています。つまり災害は「私」に来るのではなく、「私たち」に来るのだと。そしてここでの「私たち」は「私」

が犠牲になったり無視されたりするものではなく、広がりがあり、自由で、開かれた「私たち」であると書いていらっしゃいます。私がここで考えている「私たちの中の私」とピタリと重なります。

なぜ「私たち生きものの中の私」であるのかと申しますと、私の提唱する生命誌は、「人間は生きものであり、自然の一部である」と考えているからです。これはあたりまえのことで、幼稚園の子どもでも感じていることです。けれども、現代社会はこの考え方で動いてはいません。たとえば、原子力発電所の建設の時に、「私たち生きもの」というところから発想するなら、放射能の生きものへの影響を第一に考えて、具体策を立てていかなければならないはずですが、現実には経済効果、さらに具体的には今お金がかからない方法を考えて、建設場所を決めてきました。

そうではなく、「人間は生きもので自然の一部」という、このあたりまえの

・人間は生きもの

・人間は自然の一部

図4　生命誌の考え方

ことを基本に置くというのが生命誌の基本です（図4）。これは人々が安全に安心して暮らすことを優先するのですが、長い眼で見れば、経済効果もこちらの方がよくなるだろうと私は思っています。

「生命誌絵巻」の意味するもの

「人間は生きもの」というこの言葉が具体的にどのような意味をもつのかを、現代生物学が明らかにした事実をもとにして描いた「生命誌絵巻」（図5、表紙カバー参照）で説明いたします。ここには、四つのことが表現されています。

一つは、「多様性」です。扇の天、一番上にはさまざまな生きものが描いてあります。一番右端はバクテリア、左端にはヒト、ヒマワリも、イルカも、イモリもいます。地球上には多様な生きものがいます。生物学の教科書には一八〇万種ほどに名前を付けたとありますが、最近は南極の氷の下にも生きものがいるとわかり、水深六〇〇〇メートルの深海にも思いがけずいろいろな生きも

図５　生命誌絵巻（協力：団まりな　画：橋本律子）

のがいることが明らかになってきました。さまざまな場で次々に新種が見つかっており、おそらく数千万種類はいると考えられています。つまり、私たちは地球上の生きものの実態をほとんど知らないと言ってもよいのです。とにかく多様性が第一です。

二番目は、「共通性」です。多様性は誰でもわかるでしょう。ところで、ここからが生物学者の出番なのですが、これほど多様な生きもののすべてが、ＤＮＡが入った細胞でできているのです。これは、生物学者がはっきりさせた事実です。これほど多様な生きものが明確な共通性を示すのは、祖先が共通だからです。その祖先がいつ、どこで生まれたかはまだわかっていないのですが、少なくとも三八億年前の海の中にはＤＮＡの入った細胞が存在したことはわかっていますので、扇の要は三八億年前に存在した祖先細胞です。つまり地球上の生きものはすべて共通の祖先から生まれた「私たち」なのです。それが二番目に申し上げたいことです。

三番目は、現存の生きものはすべて三八億年前の祖先から続いた「歴史」をもっているということです。バクテリアは単細胞です。「あいつは単細胞だ」などと言う時は、大したことないやつだ、ということですね。「あいつは虫けら」などという言葉も使います。そして、一つのものさしの上に並べて、人間が一番偉いと考える。

以前に用いていた高等生物、下等生物という言葉は現在の生物学にはありません。どの生きものも、すべて三八億年の歴史をもってここに存在しているのです。アリはアリ、ヒマワリはヒマワリ、キノコはキノコ、イルカはイルカ、ヒトはヒトとして。さまざまな形をし、さまざまな生き方をしているだけであって、価値の上下はありません。

命の尊さという言葉にはいろいろな意味がこめられていると思いますが、三八億年という長い時間あっての存在であることも命の尊さの一つであると思います。ですから、アリが這ってきた時、簡単に潰さない方がいいと思います。そうしますと、蚊はどうするのとか、ゴキブリはどうするのだと意地悪な方がお聞きになります。私も、やっぱり蚊はたたきます。その時に、「あなたも三八億年の歴史があるのよね」と言って(笑)。「私たち生きもの」という意識が大事なのです。それが三番目に申し上げることになります。

四番目は、この扇の絵の左端に人間がいるということです。これもあたりまえのことですけれども、現在の社会では、私たちは日常、自分はこの扇の外に出て、上の方にいると思っているのではないでしょうか。多様性については、今では皆さんよくご存知で、「生物多様性」という言葉をよくお使いになります。「多様性は大事だね」とおっしゃいます。このごろ「ＳＤＧｓ（持続可能な開発目標）」という考え方も普及し、「地球に優しくしよう」とおっしゃるわけです。気持としてはよくわかるのですが、地球に優しくしようというのは、扇の上にいる時の態度です。これを私は〈上から目線〉と呼ぶのですが、「私たち」と言う時は、〈中から目線〉なのです。扇の中にいて、他の生きものたちの多様性を考える。上から目線でなくて、中から目線、これが「私たち」意識です。ここで申し上げた四つが「私たち生きもの」という時の具体です。

その上で、他の生きものとは違う文化や文明をもつ人間について考えます。「私たち生きもの」という、まさに広がりのある大らかな、開かれた意識をもてたところで、その中にいる人間とはなんだろうということを、その次にある「私たち人類」として考えていきたいと思います。

私たち人間とは何か——なぜ「二足歩行」を始めたのか

「生命誌絵巻」の左に描いてある人間の付近を考えて下さい。近年DNA解析でわかってきた類人猿の仲間の関係が描かれています。オランウータンが一四〇〇万年ぐらい前に分かれ、次いで八〇〇万年ぐらい前にゴリラが分かれます。最後、七〇〇万年ぐらい前にチンパンジーが分かれていきます（図6）。オランウータン、ゴリラ、そしてチンパンジーにはボノボという、小型のチンパンジーがいますが、そのチンパンジーとヒトが分かれる。この絵はすべてが人間の仲間という感じに、わかりやすく描いてあります。

その後、私たちヒトとしてさまざまな仲間が生まれたのですが、現存するのは二〇万年ほど前に生まれたホモ・サピエンスだけで、なぜか他はすべて滅びてしまいました。七〇〇万年ほどかけて生まれた人類としての特徴は、手が自由、脳が大きい、言葉が話せるなどいろいろあります。これを可能にしたのは、

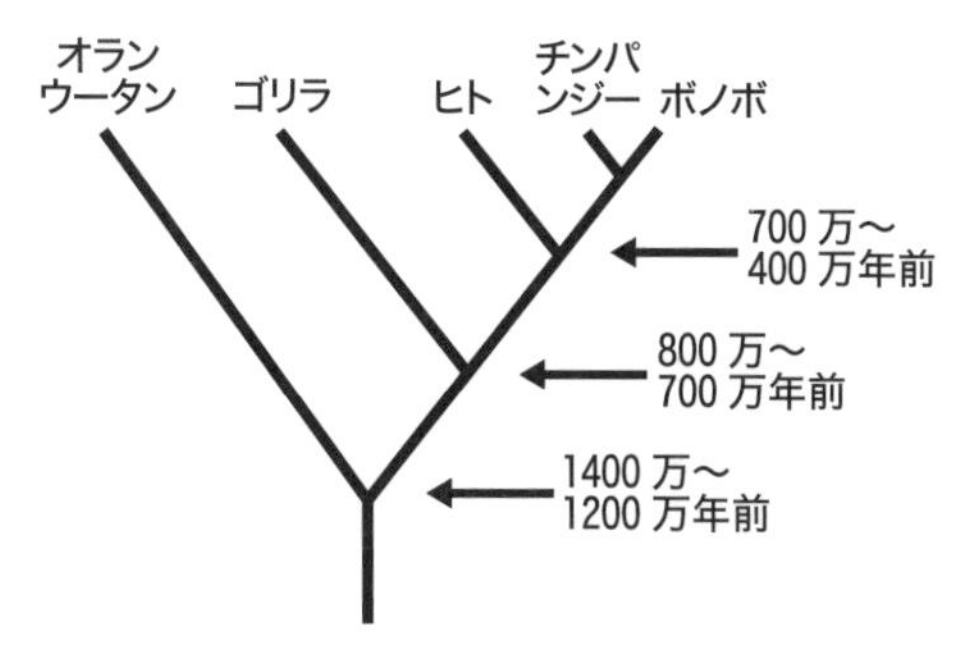

図６　人類と大型類人猿が共通の祖先から枝分かれした時期を示す系統樹

「直立二足歩行」です。

なぜ二足歩行を始めたのか。先ほどから私は、生命の起源はわかりません、種類もどれだけいるかわかりませんと、わからない話をしていますが、二足歩行を始めたきっかけもまだわかりません。ただ、いろいろな考え方が出ている中で、今のところかなり有力で私が好きな説をご紹介します。

七〇〇万年ぐらい前、人類の祖先はチンパンジー、ゴリラと共にアフリカにいました。アフリカの東側にいたとされます。その頃、地球の気候が厳しくなり、東アフリカでは大地溝帯ができるなど大きな変化がありました。

寒冷化と乾燥化によって熱帯林が減り、サバンナになるなどの変化が生じたのです。熱帯林には果物がいっぱい生り、食べ物が豊富で、そこでみんな暮らしていたのですが、次第に食べ物が少なくなりました。森が小さくなって草原が増えたのです。

そういう気候の変化があった時に、ここが私の一番好きなところですが、森で暮らす仲間の中で、私たちの祖先は弱かったというのです。弱いと考えられる理由の一つが、小さな犬歯です。戦う時、動物はみんな犬歯で戦います。とくに大きくなると牙ですね。犬歯が小さくては戦えません。

そこで、森の端に追いやられる。食べ物を取りに行くにも、遠くまで行かなくてはならなかった。しかも人類は家族で共食をするのも特徴ですから、それをもって帰らなくてはなりませんので、立ち上がって手でもち、運んで行ったという物語が描けます。つまり、私たちの祖先は弱かったので、気候の変化が起きた時に二足歩行を始め、その結果、後に言葉を話し現在のような技術をもつところまでつながったわけです。私たちの祖先は強かったからではなく、弱かったからこそ、工夫して新しいことができた、ということになる。ここが、好きなのです。

2

想像力があるからこそ

ところで、ゴリラは家族をつくり、チンパンジーは大きな群れをつくるという、それぞれの特徴をもって生きているのですが、私たちは、家族をつくると同時に社会もつくります。これが生きていくのを難しくしていますね。家族だけ守っていけばいいという生き方、群れで生きる生き方、チンパンジーとゴリラはそれぞれやっているのですが、どうも私たちだけはそれらを両方やることになり、複雑なことになりました。

人間は弱いので多産になり、みんなで子育てをする、そこに自ずと共感が生まれる。これらが人間の特徴です。家族があるとか、共感も同種間にはあるなど多かれ少なかれ他の生きものにもここにあげた性質・能力は見られます。言語とそれによるコミュニケーション能力、思考能力などは人間の優れたところですけれども、鳥の鳴き声をある種の言葉と考えての研究が進んでいますし、コミュニケーションに限れば生きもののコミュニケーション能力はなかなかのものです。ここにあげた中で、ほかの生きものには決してないとわかってきたのが、想像力です（図7）。

チンパンジーを徹底的に研究された京大の松沢哲郎さんが、これについて明快な答えを出していらっしゃいます。松沢さんはチンパンジーをお子さまと一緒に育てられたというほど、熱心に研究されて、チンパンジーの認知能力などについてすばらしい成果を上げた方です。そして、彼らには「想像力」だけは

人間――ヒト（ホモ・サピエンス）

- ○直立二足歩行
- ○自由な手
- ○大きな脳
- ○喉の構造(U字の舌骨)
- ○小さな犬歯
- ○言葉
- ○家族
- ○多産
- ○共同の子育て
- ○共感
- ◎想像力――創造力

図7　ホモ・サピエンスの特徴

ないという結論を出されたのです。一番はっきりしているのは、病気になっても悩まないのだそうです。つらい病気になったのに全然、悩んでいないのを見て、「〝今・ここに・生きている〟とはっきり解った」とおっしゃっています。

　私たちが思い悩むのは、想像力があるからなのだということですから、それでまた悩みますが、想像力があるからこそクリエイティビティ（創造力）があるわけです。過去や未来を考え、子どもや孫たちの生きる社会を慮（おもんぱか）るわけです。そういうことのできる能力が、私たちには与えられている。やっぱり人間はいいなと思います。

人間にはたいへんな悩みと可能性が与えられた。「私たち生きもの」の中で「私たち人間」とは何か、を考えていくのはこのようなことなのだろうと思います。

生物学ではヒトは一種

その「私たち人間」ですが、人類の出発点はアフリカの東部です。当初そこにしか人間はいなかったことは、化石からわかりました。七〇〇万年前にチンパンジーと分かれた時です。その後の化石の解析と、近年はそれにゲノム解析も加えて、人類の移動の様子が解明されています。生命誌と地球の歴史の時間の流れの中で見ると、瞬時と言ってもよいほど短い時間で世界中に広がっています。これは現在地球のどこで暮らしている人にとっても、故郷はアフリカの東部であるということです。

地球にはこれまでに非常に気候の厳しい時があり、恐らく一万人を欠くほどまで人口が減少した危機の時代があります。人口は気候の変化によって増減を繰り返してきました。七万年ほど前には人口が二千人くらいだったと思われます。これはチンパンジーやゴリラに比べてヒトの遺伝子の多様性がとても低いことから出された数字であり、絶滅に瀕していたと言える数字です。現在、地球上に人間は七八億人いますが、この誰から遡っても、少数の祖先に戻るわけで、皆近しい仲間であることを事実として認識する必要があります。つまり、まさに、「私たち人類」という言葉が実態を示しているのです。

中国、アメリカ、アフガニスタン、ミャンマーと、現在の国の名前や民族を思い浮かべますと難しい問題が山ほどあり、時にはヘイトスピーチをする人がいたりします。そのような場で「人種」という言葉が使われて、あたかも異質であるかのように語られることがありますが、現在の生物学ではヒトは一種です。たとえばチョウでしたらナミアゲハ、キアゲハ、モンシロチョウとそれぞれ種が違います。およそ二万種ほどいるのでしょうか。でもヒトは一種です。

ゲノム（DNA）を解析しますと、国による違いは出てきません。すべてが同じ正規分布をしますので、科学として証明されています。「私たち人類」は、そのような意味ではっきり言える言葉です。

「私たち生きもの」に始まり「私たち人類」へとつながる「私たち」の意味は、このような広がりを示すものであり、ここで考えられる「私」は、個を強く意識して生まれる私意識よりもむしろ自由な存在として浮かびあがるものです。そこでもう少し生命誌から考えることを続け、その中での「私」について考えてみたいと思います。

菌とともに日々変化している私

突然ですが、常在菌をご存知だと思います。私たちの体は、口から肛門まで続く筒が通っており、そこは外と通じていますので、空気中に存在する細菌が入ってきます。口、食道、胃、腸などに千種類を越える菌が存在しています。

その数も大変なもので、一番たくさんいる腸には一〇の一二乗個、つまり一〇〇兆個もいるようです。常在菌と呼ばれ特定の時に感染して悪さをする病原菌とは違います。

この絵（図8）は雑誌『日経サイエンス』にあったものですが、人間の体全体に、多くの菌が分布していることを示しています。シャワーを浴びてきれいにしたつもりの体でも、菌はいる。菌と共にあるのが「私」なのです。

「腸内細菌」はもう日常語になっているように思いますし、これが一番大きな役割を果たしているのですが、腸だけではなくて、体中のさまざまな場所にバクテリアがおり、それを含めての「私」なのです。これを全部取りはらってしまうと、健康が保てないことにもなります。

しかも、図9を見ていただくとちょっと驚くことが描いてあります。皆さんの体をつくっている細胞の始まりは受精卵であり、その中にはお父様から半分、お母様から半分受け取ったＤＮＡが入っています。体の細胞はすべて受精卵か

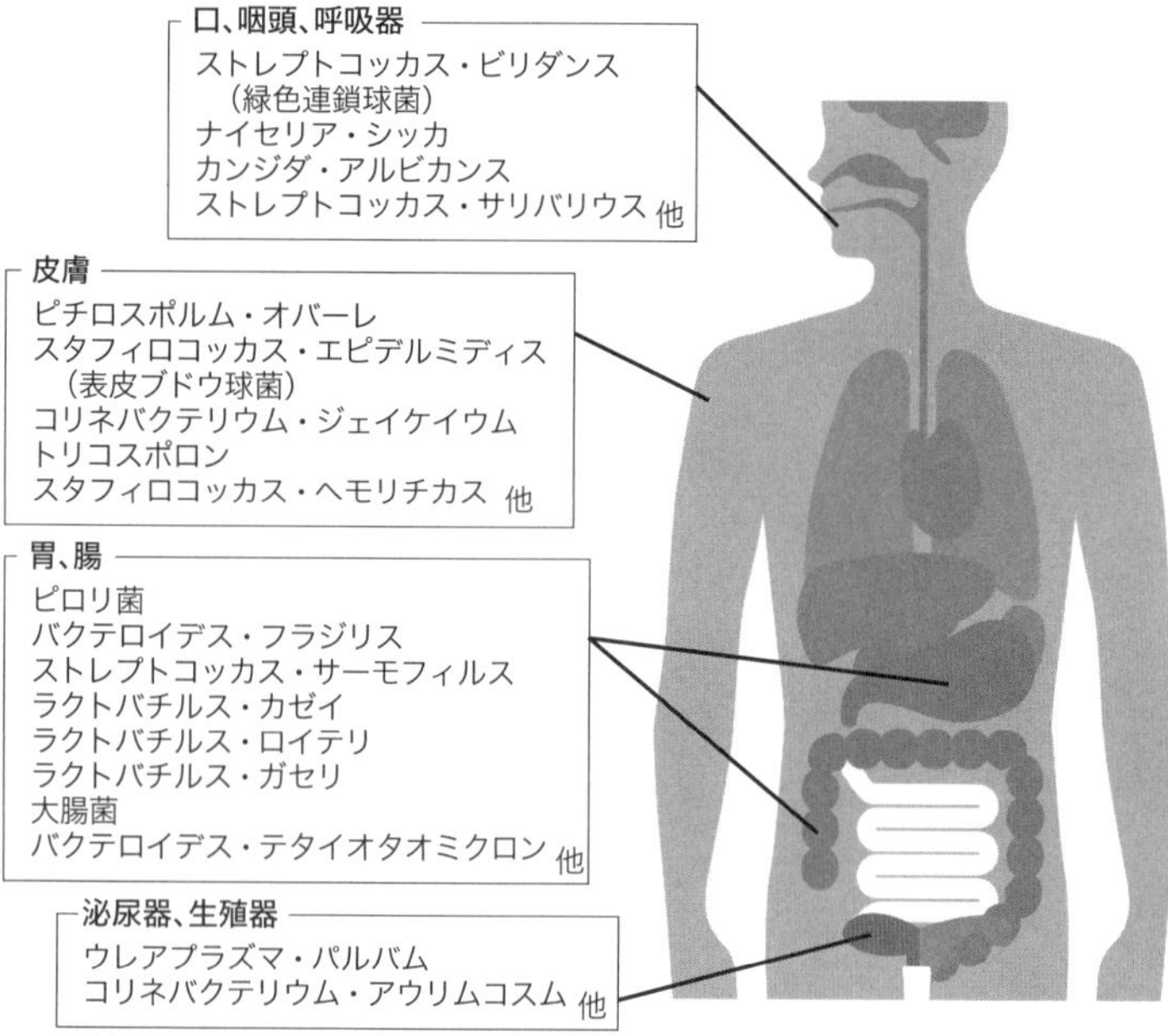

口、咽頭、呼吸器
ストレプトコッカス・ビリダンス
（緑色連鎖球菌）
ナイセリア・シッカ
カンジダ・アルビカンス
ストレプトコッカス・サリバリウス 他

皮膚
ピチロスポルム・オバーレ
スタフィロコッカス・エピデルミディス
（表皮ブドウ球菌）
コリネバクテリウム・ジェイケイウム
トリコスポロン
スタフィロコッカス・ヘモリチカス 他

胃、腸
ピロリ菌
バクテロイデス・フラジリス
ストレプトコッカス・サーモフィルス
ラクトバチルス・カゼイ
ラクトバチルス・ロイテリ
ラクトバチルス・ガセリ
大腸菌
バクテロイデス・テタイオタオミクロン 他

泌尿器、生殖器
ウレアプラズマ・パルバム
コリネバクテリウム・アウリムコスム 他

図８　多くの菌とともにある人間の体
（『日経サイエンス』2012 年 10 月号をもとに作成）

ら始まっていますので、どの細胞にも両親からのDNA（ゲノム）が入っています。まさに両親の性質を受け継いだ、一人一人特徴のあるDNAをもっている。遺伝という現象はこうして起きるわけで、このDNA（ゲノム）のはたらきが「私」を特徴づけます。それが「私」の基本と言ってもよいでしょう。親から受け継いだDNAですから、これが「私」だぞと思いたくなります。ところが、その量は**図9**の小さな四角（B）です。

そこで、先ほどからお話ししている細菌たちに眼を向けます。細菌も一つ一つが細胞であり、その中にそれぞれDNAが入っていま

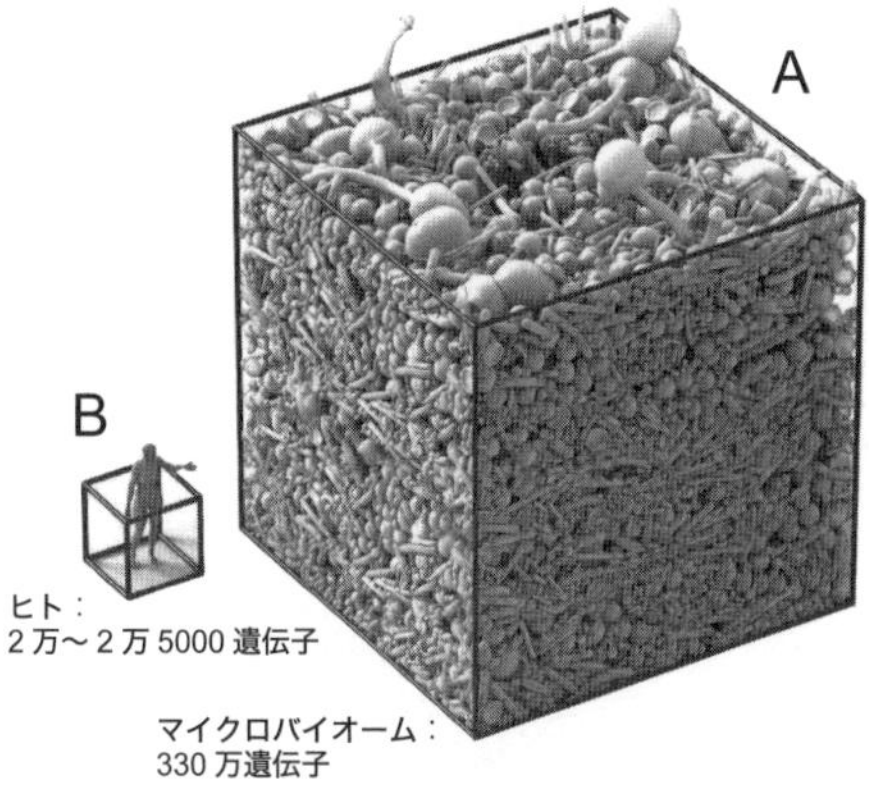

図9　人体にあるヒト以外の遺伝子
（『日経サイエンス』2012年10月号より。Elinor Ackerman; Illustration by Bryan Christie）

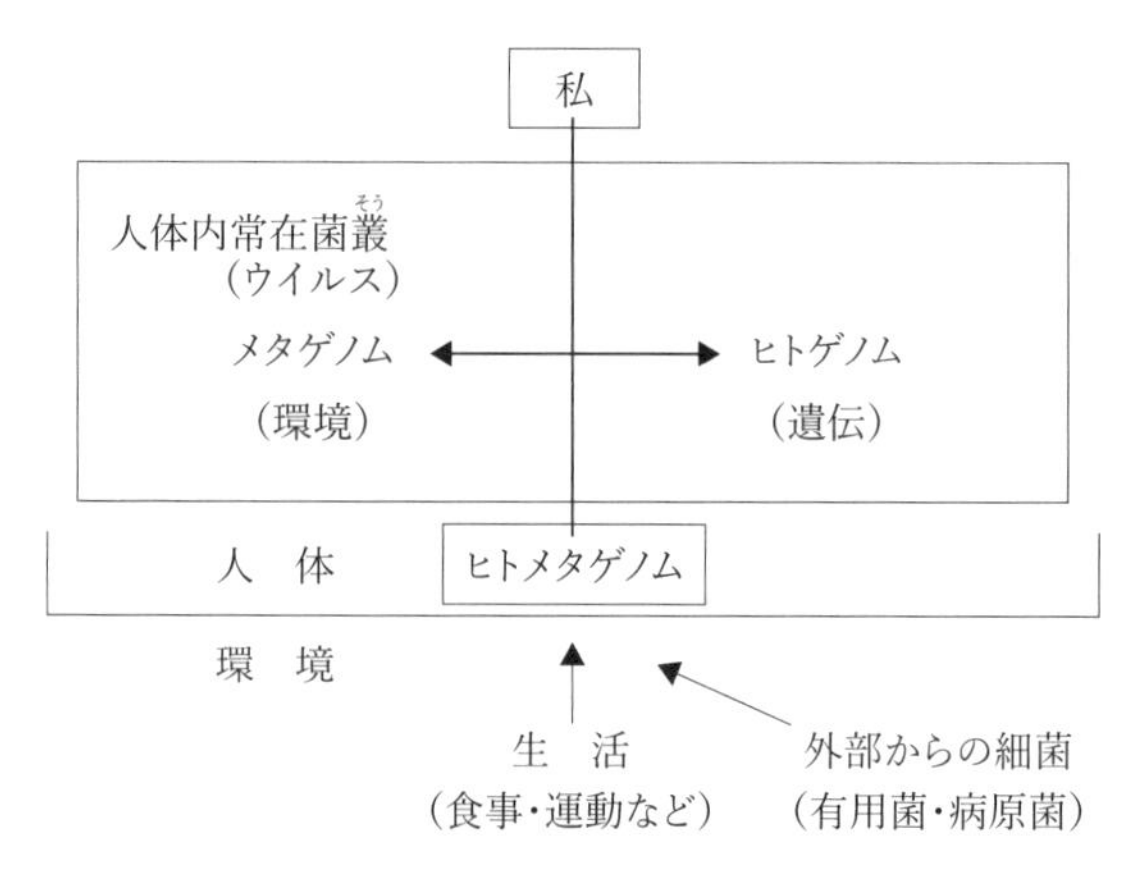

図10　「私」という存在

す。大腸菌はこんなDNAをもってこんなことをやっている。ビフィズス菌はこうだ、納豆菌はこうだとそれぞれはたらいています。ところで、その細菌に入っているDNAの量は図9の大きな方の四角（A）です。親からもらったDNA量と体内にある細菌たちのDNA量を比較すると、ちょっと驚きます。もちろん実際のはたらきの意味を考えれば、ヒトとしてのDNAのもつ意味は大きいのですが、このような事実を事実として受けとめたいと思います。

常在菌の様子は、食べ物や運動、また暮らしている環境によって変わります。日々変わると言ってもいい。それを含めての「私」なのです。

遺伝で親から受け継いだヒトゲノム、これが「私」の基本であることは確かですが、常在菌も含めての「私」、本来は他である生きものが一体となっている、それが「私」ということになってきました。実は最近、それらの細菌と共にウイルスも存在していることもわかってきました。ウイルスが何をしているかはまだ解明されていませんが、生きものは常に複雑な系として存在しているのだということをつくづく感じます。「私」だけ独立に、純粋に存在するものではないのです（図10）。

ウイルスは動く遺伝子、生きものではない

新型コロナウイルスのパンデミックの問題がありますので、ウイルスについて少しお話しします。「生命誌絵巻」の中に、細菌は描いてありますが、ウイ

動く遺伝子

・染色体内………・転位因子

・細胞内…………・プラスミド

・細胞外…………・ウイルス

図11　ウイルスとは

ルスは描いてありません。ウイルスは生きものではないからです。

ウイルスとして描いてはいませんが、実はウイルスはあの扇の全体に存在しているといえます。どの生きものにも感染するウイルスがいますので、生きものあるところ、ウイルスあり、なのです。生きものではないのに扇の中には必ずいるウイルスとは何なのですか、という問いが出ますね。私の答えは「動く遺伝子」です（図11）。

遺伝子という言葉を聞いたとき、専門外の方は親から受け継ぐ私の遺伝子で、決して変わらないというイメージをもたれます。生命誌研究館の建設に反対運動があったと申しましたが、「遺伝子は変わってはいけないのに、それを操作する研究者がいる。近くでそんな研究はしてほしくない」

と当時は言われたわけです。もちろんおかしな操作をしてはいけませんし、人間が勝手なことをしてはいけませんが、実は遺伝子は、さまざまな生きものの間を動き回るものでもあるのです。細胞の中に存在するDNAは、原則変わらずに必要なはたらきをしています。だからこそ私は私として存在するわけですが、時に変化をしたり、一部が別のところへ動いたりすることがあるのです。

生きものの面白さはここにあるとも言えます。ここでDNAが変わったり動いたりしなければ、生きものはまったく変わらず、進化は起こりません。トウモロコシの粒の色が一部変化するのは、染色体内でDNAが動くからであることを見つけたのは、バーバラ・マクリントックです。当初はそんなことあるはずないと言われ冷たく扱われながらも、地道に研究を続けられた魅力的な方です。その後他の研究からも遺伝子は動くことがわかり始め、晩年ノーベル医学・生理学賞を受賞しました。それが転位因子（図11）です。

次に、細胞内に、染色体とは別のものとして存在する、動くＤＮＡもあります。プラスミドと呼ばれます。この性質を使って、「組み換えＤＮＡ」技術が開発されました。染色体の中で動く、細胞の中で動くという動きの次は、細胞から飛び出して、他の細胞に入るという動きです。細胞の外ではＤＮＡは壊れやすいので、タンパク質の殻を被って身を守ります。それが、ウイルスなのです。遺伝子が固定的では生きものの世界は成立しません。ダイナミックに動いている必要があります。

ウイルスはこのように、遺伝子が動いているという生きものの世界に存在していますので、これがいなくなることはありません。この中に病原体となるものがいますので、それは困りますが、ウイルスと戦って存在をなくすというものではありません。生きものが生きる姿の本質、遺伝子の本質を反映した存在なのですから。「私たち」としてできることは、病原体ウイルスの本質をよく知り、感染をワクチンで防いだり、薬を開発するなど知恵を絞っていくことでしょう。ウイルスは存在するものとして生きていくことが、「私たち」として生きることになるのです。

3

生きものは予測不能、継ぎはぎ、偶有性

生きものを見ていますと、いつも「生きものって何だろう？」と考えこみます。いろいろな切り口で生きものを見ていくことができますが、私はパスツール研究所で活躍した（フランソワ・）ジャコブの考え方が好きです。

第一に、「予測不能」、二番目に「ブリコラージュ、継ぎはぎでつくられる」。一つの目的のためにそれ特有のものをつくるのではなく、ありあわせを継ぎはぎしてさまざまな機能を生みだします。人間は自分を特別なものと考えがちで

生物	工学
・予測不能性	・予測可能
・ブリコラージュ（つぎはぎ）	・論理
・偶有性	・統計・確率
—F・ジャコブ—	

図12　生きものは機械ではない

すが、他の生きものと同じものを使っている場合がほとんどです。その点でも「私たち」です。常在菌が入ってきたら、それを上手に活用します。それから三番目が「偶有性」、たまたまということがよくあります。

　技術、工学は予測可能でなければいけない、論理、統計、確率がすべてを動かします。確かに機械はこれでなければ困ります。予測不能などと言われたら恐いです。しかし生きものはそうではありません。現代社会は生きものまで機械のように考えているので問題が起き、うまくいかないのだと思います。私が「人間が生きもの」という時は、「生きものは機械ではない」と言っているのです（図12）。

　子どもたちの教育の場でも、子どもを生きものというより機械のように、効率よく均一に思いどおり動かそうとしているように見えます。保育士さんも先生も、子どもたちを生きものとして見ていただきたい。

タコのゲノムを調べてみると

そこで、今申し上げたような生きものの特徴を示す例として、突然ですがタコに登場してもらいます。ブリコラージュ、予測不能、偶有性など生きものの面白さについてお話ししたいことはたくさんあるのですが、長くなりますので、タコに代表してもらい、感覚をつかんでいただきたいと思います。

ヒトゲノムの解析が終わった二〇〇三年以降、多くの研究者がゲノム研究を始めました。ヒトの場合、それによってがんの研究など、とくに病気の研究が進みました。一方、他の生きもののゲノム解析も進んでいます。その中で、最近タコのゲノムが調べられました。ヒトゲノムは、ＡＴＧＣという塩基が約三〇億並んでいます。かなり大きな数です。

魚の仲間はそれが一五億ぐらい。カキが五億六千万、ハエですと一億五千万です。タコは二七億、人間に近い数です（図13）。

ゲノムが大きければいいというものではありません。アメーバなどでヒトよりも大きなゲノムをもっている仲間もいて、その中ではたらいているものは多くはないだろうと思われます。でも、大きいといろいろな可能性があることも確かです。タコが大きなゲノムをもっているのはどんな意味があるだろうと考えると面白いです。

と申しますのも、実はタコにしかない遺伝子がとても多いことがわかったのです（図14）。網膜、皮膚、吸盤などにも見られますが、中枢神経に、タコにしかない遺伝子が多いのですね。そこで、ふと思い出したのが、サッカーワールドカップのときに、ドイツで勝者を当てたタコです。次にどちらのチームが勝つか、予測していたお遊びですが、タコはこの中枢神経でやっていたのかもしれないなと思って楽しんでいます。

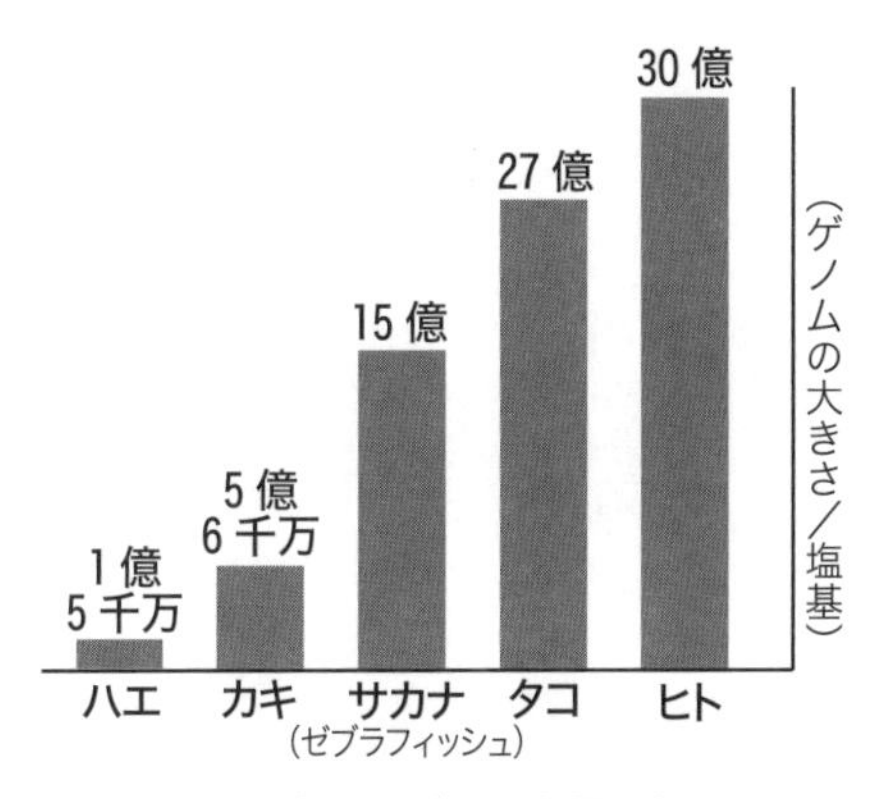

図13　タコのゲノムを調べたら

タコのゲノム（細胞のDNA）は、貝のカキや脊椎動物のサカナよりもはるかに大きく、ヒトに近いことがわかりました。他の無脊椎動物と比べると倍以上なので、タコやイカではゲノムが倍に増えたのではないかと考えられていましたが、そうではありませんでした。

（JT生命誌研究館「タコしんぶん」より）

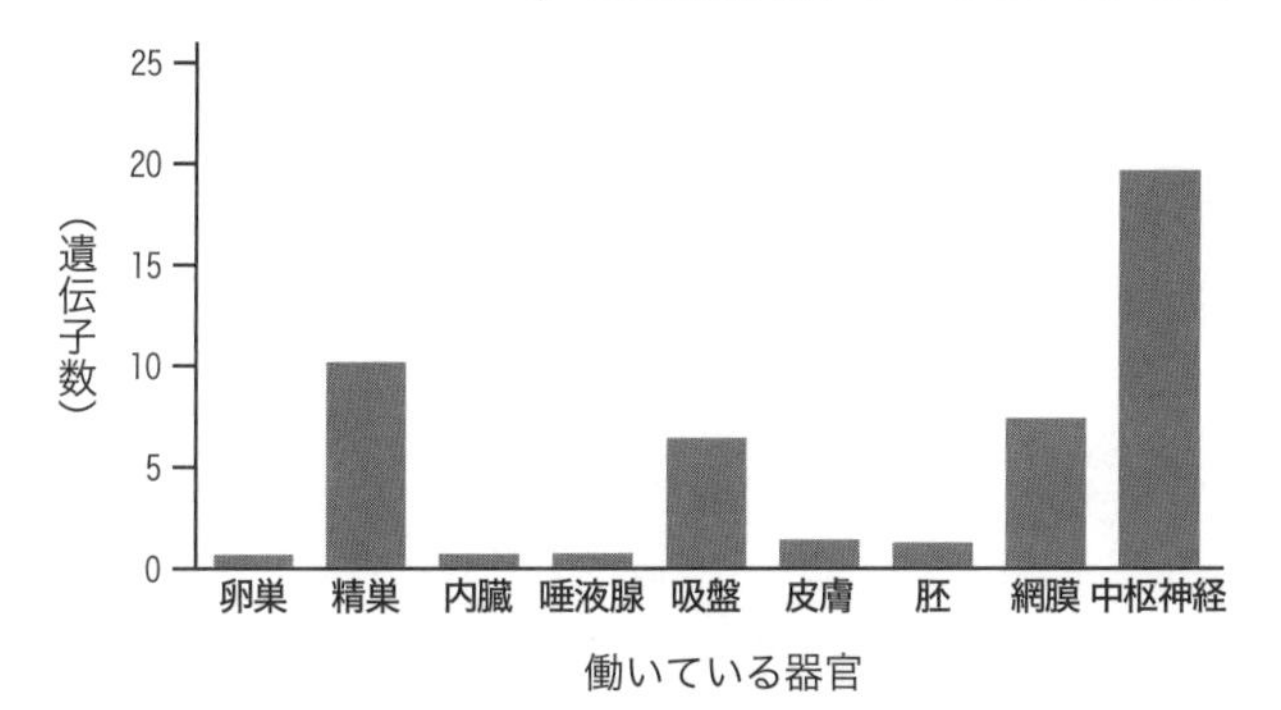

図14　タコにしかない遺伝子

タコしかもっていない遺伝子がみつかりました。タコの能力（擬態や、足でエビの気をそらして捕らえる、など）に関係があると考えられます。

（JT生命誌研究館「タコしんぶん」より）

タコにしかない脳の遺伝子もたくさん見つかりました。人間にしかない脳の遺伝子は、五八個見つかっています。ところが、タコにしかない脳の遺伝子の方が一六八個とはるかに多いのです。驚きました。そうは言っても、タコはコンピュータをつくっていませんし、「だからタコがどうだというのだ」ということになると思いますけれど、先ほどのブリコラージュ、偶有性、予測不能という生きものの特徴を象徴しているように思うのです。

次の機会には、タコさんが何をしているか、お話しできるかもしれません。生きものらしさを知っていただければうれしいと思い、こんな例をあげてみました。

「生命誌」という「知」

実は「私たちの中の私」という感覚で考えたいのは、ウイルス・パンデミックや異常気象の中にいる私たちは、これからどこに行こうとしているのか、と

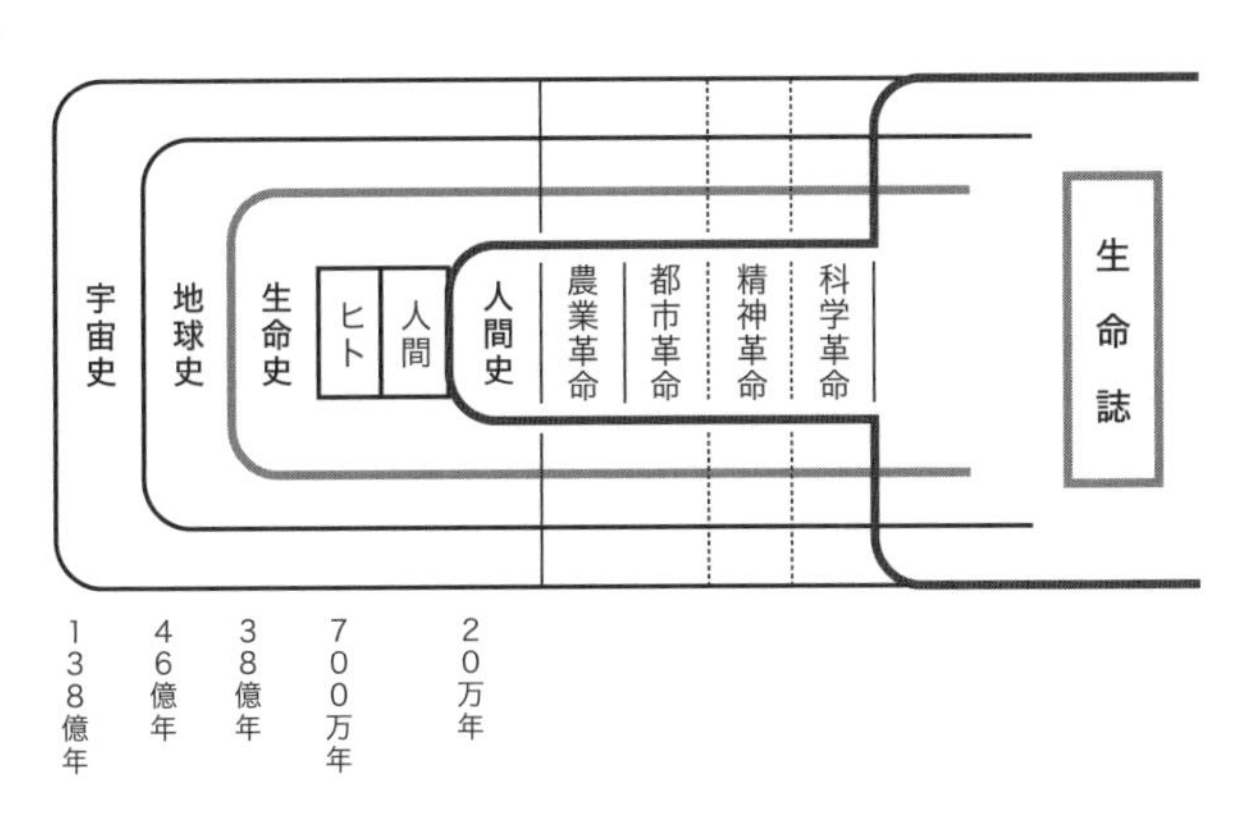

図15 「生命誌」
――私のいるところ、そしてこれから――

いう課題です。「私たちの中の私」を「私たち生きもの」というところでお話ししましたが、**図3**で生きものの上に「宇宙」と書いてあったのをお気づきだったかと思います。

生きものがいるのは地球ですが、私たちには想像力があります。ですから、宇宙の果てまで考えることができるのです。宇宙は一三八億年前に生まれました。その中で四六億年前に地球が生まれ、そこに三八億年前、生きものが生まれたのです（**図15**）。

次に、七〇〇万年ほど前にヒトとい

う存在が生まれ、それが私たち人間です。そこから農業革命、都市革命、精神革命、科学革命という形で、人間特有の歴史を創りあげてきました。私は「生命誌」を、この宇宙、地球、生命、と続く歴史物語を読み解く「知」として創りあげたいと思っています。大きな流れの中にいる「私」を考えるという形で生命誌という「知」を創りあげたいのです。

そこでは三八億年の生命の歴史の中に置かれたヒトとしての私として、人間の歴史を見直す作業が重要になります。農業革命に始まる人類特有の活動が機械の方に流れ、世界観まで生命から離れてしまったところを見直し、生命論的世界観につなげること。それが生命誌の役割だと考え、少しずつ具体を積み重ねていくつもりです。

よく見つめて本質を愛づること

最後に、このような考え方をする時に一番ベースになる言葉として「愛づる(めづる)」

を大切にしているということを申し上げて終わりたいと思います。「愛づる」は、司会の方がご案内下さいましたように、藤原書店から刊行中のコレクションのタイトルであり、今日の演題も「いのち愛づる生命誌」といたしました。

この言葉には『堤中納言物語』の中にある「蟲愛づる姫君」で出会いました。「虫愛づる姫君」は、平安時代、まさに紫式部や清少納言と同じ頃に京都に住んでいた大納言のお姫様です。このお姫様はちょっと変わっていて、男の子たちに虫を集めさせ、毛虫をかわいがります。周りの大人からは、気味が悪い、汚いとして捨てるように言われるのですが、この姫君は、皆がチョウチョウはきれいだと言っているけれども、あれは儚(はかな)い命。こちらの方が生きているという意味では本当に一生懸命で、その姿が可愛いと言うのです。彼女は、それを「本地たづぬる」と言います。つまり「本質を見る」ということです。

「本地たづぬる」という仏教用語が物語に出てきたのは、この物語が初めてだそうですが、本質を見ましょうという言葉は、現代科学、さらには生命誌につながります。見かけがきれいだから好きというのではなく、本質を見たらそこにこそ本当にすばらしいものがあり、いのちの輝きがあり、自ずと愛が生まれるという意味です。それが「愛づる」なのです。

それは、フィロソフィー（知を愛する）のフィロです。フィルハーモニー（ハーモニーを愛する）のフィルです。そういう意味で、生きものの本質を愛するという意味の「愛づる」という言葉。一一世紀、つまり今から千年前に生きものの本質を見て、それを考えるということがどれだけ大事かということを語った物語は、恐らく他にどこにもないでしょう。このような物語を生み出し、書き残した人々のいる日本は、すばらしい国だと思います。

私はこの言葉を基本に、先ほど申し上げた「私たち生きものの中の私」から始めてこれからの生き方を考えていきたいと考えています。そのために現代生物学は考える素材を提供する学問として大事にしています。

ところで、このお姫様はもちろんＤＮＡやゲノムなどご存知ありません。科学も無関係です。でも生きものの本質を見るということをなさった。私が二一世紀になって一生懸命考えていることと、ほとんど同じことを考えていらしたに違いないと私は思うのです。

日常見えるものをよく見て、それを愛づることが学問の基本だと思いますし、日本にはこのすばらしい自然があるがゆえに、こういうお姫様がいらした。それを活かしたいと思います。

何より、「女の子」であるところがいいのです。ジェンダーとか男女の差という話を忘れて、この「女の子」がすばらしいと思い、そこから出発したいと思っています。

あとがき

新型コロナウイルスのパンデミック、地球温暖化による異常気象など、日常の暮らしを問い直さなければならないと誰もが考えずにはいられない日が続いています。ウイルス感染も異常気象も自然現象ですが、今それが起きている原因をたどっていくと、人間自身の生き方に行きつくところに問題があると言わざるを得ません。

地球温暖化は、便利さを求めた私たちがエネルギーを大量に必要とし、石炭や石油を燃やして二酸化炭素を大量排出したために起きています。大量排出のうえに、二酸化炭素を吸収する森林の破壊もしてきたのですから、困ったものです。新型コロナウイルスは、本来はコウモリを宿主としてきたものですが、人間活動の拡大でそれを人間社会に引き出してしまったのです。

共に長い時間をかけてつくりあげられた自然界のバランスを崩したことが原因で起きたことであり、それに気づいた人々が化石燃料でなく太陽光、風力、地熱などから得られる再生可能なエネルギーを使うようにしていこうという動きも、やっと本格化し始めました。とはいえ、ここでもまた効率よく大量にという従来の考え方が幅をきかせています。

三〇年ほど前から提唱している「生命誌」では、この考え方に問題があるとします。まず、私たち自身が生きものであるというあたりまえのことを忘れないようにしましょうというのが、生命誌の基本です。そこで、もっと生きものに親しみをもち、さまざまな生きものたちがどのような生き方をしているかを素直に見ると、そこにはなるほどと思うことがたくさんあり、生きものとして生きるのは面白そうだという気持が強くなりますよ。こう呼びかけてきました。

本書もこの呼びかけです。

ミミズが登場するかと思えば、マンモスの話もあります。人間の脳や腸の話も度々出てきます。何を見ても面白い……というか、私の実感では変てこりんで、そこになんとも言えない魅力があるのが、生きものたちです。何をするにも大型化を目指し、競争に勝つことを目的とする発想からちょっと離れて、変てこりんとも言える生きものの面白さの中に身を置いて生き方を考えると、もっと楽しい社会ができそうな気がします。

本書でとりあげたさまざまなエピソードを、最先端科学の知識として憶えようとしてお読みになる気持をちょっと脇に置き、すべてのエピソードの中に生きものならではの面白さを感じていただきたいのです。そうすると、きっと物の見方が変わります。世界観が変わります。

私はそれを「生命論的世界観」と呼んでいます。現代社会は「機械論的世界観」で動いています。ここで二つの世界観についての説明はいたしません。本書からそれをなんとなく感じていただけたら、とても嬉しく思います。お読みいただいて本当にありがとうございました。

この本は、最後に置いた記念講演の記録を残そうと言って下さった藤原良雄社長の言葉から、それを受けて加筆修正し、このような形になりました。まとめて下さった編集部の山﨑優子さんとご協力下さった柏原怜子さん、柏原瑞可さん、甲野郁代さんにはとてもお世話になりました。心からのお礼を申し上げます。

二〇二一年十月

生きものは変てこ、一番変てこは人間と思いながら

中村桂子

著者紹介

中村桂子（なかむら・けいこ）
1936年東京生まれ。JT生命誌研究館名誉館長。理学博士。東京大学大学院生物化学科修了、江上不二夫（生化学）、渡辺格（分子生物学）らに学ぶ。国立予防衛生研究所をへて、1971年三菱化成生命科学研究所に入り（のち人間・自然研究部長）、日本における「生命科学」創出に関わる。しだいに、生物を分子の機械ととらえ、その構造と機能の解明に終始することになった生命科学に疑問をもち、ゲノムを基本に生きものの歴史と関係を読み解く新しい知「生命誌」を創出。その構想を1993年、「JT生命誌研究館」として実現、副館長（～2002年3月）、館長（～2020年3月）を務める。早稲田大学人間科学部教授、大阪大学連携大学院教授などを歴任。
著書に『生命誌の扉をひらく』（哲学書房）『ゲノムが語る生命』『「ふつうのおんなの子」のちから』（集英社）『生命誌とは何か』（講談社）『生命科学者ノート』（岩波書店）『自己創出する生命』（ちくま学芸文庫）『絵巻とマンダラで解く生命誌』『こどもの目をおとなの目に重ねて』（青土社）『いのち愛づる生命誌』（藤原書店）他多数。現在、『中村桂子コレクション・いのち愛づる生命誌』全8巻（藤原書店）刊行中。

生きている不思議を見つめて

2021年10月30日　初版第1刷発行

著　者　中村桂子
発行者　藤原良雄
発行所　株式会社　藤原書店

〒162-0041　東京都新宿区早稲田鶴巻町523
電　話　03（5272）0301
FAX　03（5272）0450
振　替　00160-4-17013
info@fujiwara-shoten.co.jp

印刷・製本　精文堂印刷

落丁本・乱丁本はお取替えいたします
定価はカバーに表示してあります
Printed in Japan
ISBN978-4-86578-328-5

“生命知”の探究者の全貌

いのち愛づる生命誌（バイオヒストリー）

〈38億年から学ぶ新しい知の探究〉

中村桂子

DNA研究が進展した七〇年代、人間を含む生命を総合的に問う「生命科学」出発に関わった中村桂子は、DNAの総体「ゲノム」から、歴史の中で生きものを捉える「生命誌」を創出。「科学」を美しく表現する思想を「生命誌研究館」として実現。

四六並製　三〇四頁　**カラー口絵八頁**　**二六〇〇円**
（二〇一七年九月刊）◇978-4-86578-141-0

38億年の生命の歴史がミュージカルに

いのち愛づる姫（め）

〈ものみな一つの細胞から〉

中村桂子・山崎陽子作
堀文子画

全ての生き物をゲノムから読み解く「生命誌」を提唱した生物学者、中村桂子。ピアノ一台で夢の舞台を演出する“朗読ミュージカル”を創りあげた童話作家、山崎陽子。いのちの気配を写し続けてきた画家、堀文子。各分野で第一線の三人が描きだす、いのちのハーモニー。

B5変上製　八〇頁　**カラー六四頁**　**一八〇〇円**
（二〇〇七年四月刊）◇978-4-89434-565-2

「生物物理」第一人者のエッセンス！

「生きものらしさ」をもとめて

大沢文夫

「段階はあっても、断絶はない」。単細胞生物ゾウリムシにも“自発性”はある。では“心”はどうか？　ゾウリムシを観察すると、外からの刺激によらず方向転換したり、“仲間”が多いか少ないかで行動は変わる。機械とは違う、「生きている」という「状態」とは何か？　「生きものらしさ」の出発点“自発性”への問いから、「生きもの」の本質にやわらかく迫る。

四六変上製　一九二頁　**一八〇〇円**
（二〇一七年四月刊）◇978-4-86578-117-5

出会いの奇跡がもたらす思想の“誕生”の現場へ

鶴見和子・対話まんだら

自らの存在の根源を見据えることから、社会を、人間を、知を、自然を生涯をかけて問い続けてきた鶴見和子が、自らの生の終着点を目前に、来るべき思想への渾身の一歩を踏み出すために本当に語るべきことを存分に語り合った、珠玉の対話集。

魂 言葉果つるところ　対談者・石牟礼道子

両者ともに近代化論に疑問を抱いてゆく過程から、アニミズム、魂、言葉と歌、そして「言葉なき世界」まで、対話は果てしなく拡がり、二人の小宇宙がからみあいながらとどまるところなく続く。

Ａ５変並製　320 頁　**2200 円**（2002 年 4 月刊）◇ 978-4-89434-276-7

歌「われ」の発見　対談者・佐佐木幸綱

どうしたら日常のわれをのり超えて、自分の根っこの「われ」に迫れるか？　短歌定型に挑む歌人・佐佐木幸綱と、画一的な近代化論を否定し、地域固有の発展のあり方の追求という視点から内発的発展論を打ち出してきた鶴見和子が、作歌の現場で語り合う。　Ａ５変並製　224 頁　**2200 円**（2002 年 12 月刊）◇ 978-4-89434-316-0

知 複数の東洋／複数の西洋〔世界の知を結ぶ〕　対談者・武者小路公秀

世界を舞台に知的対話を実践してきた国際政治学者と国際社会学者が、「東洋 vs 西洋」という単純な二元論に基づく暴力の蔓延を批判し、多様性を尊重する世界のあり方と日本の役割について徹底討論。

Ａ５変並製　224 頁　**2800 円**（2004 年 3 月刊）◇ 978-4-89434-381-8

生命から始まる新しい思想

新版 四十億年の私の「生命(いのち)」

〔生命誌と内発的発展論〕

中村桂子＋鶴見和子

地域に根ざした発展を提唱する鶴見「内発的発展論」、生物学の枠を超え生命の全体を捉える中村「生命誌」。従来の近代西欧知を批判し、独自の概念を作りだした二人の徹底討論。

四六上製　二四八頁　**二二〇〇円**

（二〇〇二年七月／二〇一三年三月刊）

◇ 978-4-89434-895-0

患者が中心プレイヤー。医療者は支援者

新版 患者学のすすめ

〔“人間らしく生きる権利”を回復する新しいリハビリテーション〕

上田敏＋鶴見和子

リハビリテーションの原点は、「人間らしく生きる権利」の回復である。“自己決定権”を中心に据えた上田敏の「目標指向的リハビリテーション」と、鶴見の内発的発展論が火花を散らし、自らが自らを切り開く新しい思想を創出する！

Ａ５変並製　二四八頁　**二四〇〇円**

（二〇〇三年七月／二〇一六年一月刊）

◇ 978-4-86578-058-1

"文明間の対話"を提唱した仕掛け人が語る

「対話」の文化
（言語・宗教・文明）
服部英二＋鶴見和子

ユネスコという国際機関の中枢で言語と宗教という最も高い壁に挑みながら、数多くの国際会議を仕掛け、文化の違い、学問分野を越えた対話を実践してきた第一人者・服部英二と、「内発的発展論」の鶴見和子が、南方熊楠の曼荼羅論を援用しながら、自然と人間、異文化同士の共生の思想を探る。

四六上製　二二四頁　**二四〇〇円**
（二〇〇六年二月刊）
◇978-4-89434-500-3

"海からの使者"の遺言

未来世代の権利
（地球倫理の先覚者、J-Y・クストー）
服部英二編著

代表作『沈黙の世界』などで、"海"の驚異を映像を通じて初めて人類に伝えた、ジャック＝イヴ・クストー（一九一〇―九七）。「生物多様性」と同様、「文化の多様性」が人類に不可欠と看破したクストーが最期まで訴え続けた「未来世代の権利」とは何か。世界的海洋学者・映像作家クストーの全体像を初紹介！

四六上製　三六八頁　**三二〇〇円**
（二〇一五年四月刊）
◇978-4-86578-024-6

文明は、時空を変えて生き続ける！

転生する文明
服部英二

ユネスコ「世界遺産」の仕掛け人であり、「文明間の対話」を発信した著者が、世界一〇〇か国以上を踏破するなかで見出した、文明の転生と変貌の姿を描く、初の「文明誌」の試み。大陸を跨ぎ、時代を超えて通底し合う諸文明の姿を建築・彫刻・言語など具体的事象の数々から読み解く。

図版・写真多数
四六上製　三二八頁　**三〇〇〇円**
（二〇一九年五月刊）
◇978-4-86578-225-7

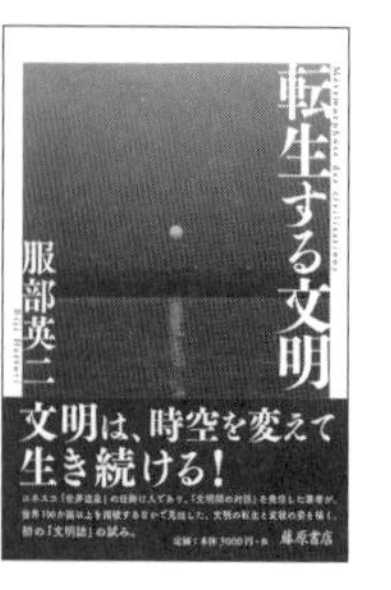

「親日家」から「嫌日家」へ!?

幻滅
（外国人社会学者が見た戦後日本70年）
R・ドーア

依然としてどこよりも暮らしやすい国、しかし近隣諸国と軋轢を増す現在の政治、政策には違和感しか感じない国、日本。戦後まもなく来日、七〇年間の日本の変化をくまなく見てきた社会学者ドーア氏が、「親日家」から「嫌日家」へ!?

四六変上製　二七二頁　**二八〇〇円**
（二〇一四年一一月刊）
◇978-4-86578-000-0

最新データに基づく実態

地球温暖化とCO^{2}の恐怖

さがら邦夫

地球温暖化は本当に防げるのか。温室効果と同時にそれ自体が殺傷力をもつCO^{2}の急増は「窒息死が先か、熱死が先か」という段階にきている。科学ジャーナリストにして初めて成し得た徹底取材で迫る戦慄の実態。

Ａ５並製　二八八頁　**二八〇〇円**
（一九九七年一一月刊）
◇978-4-89434-084-8

「京都会議」を徹底検証

地球温暖化は阻止できるか
〈京都会議検証〉

さがら邦夫編
序＝西澤潤一

世界的科学者集団ＩＰＣＣから「地球温暖化は阻止できない」との予測が示されるなかで、我々にできることは何か？　官界、学界そして市民の専門家・実践家が、最新の情報を駆使して地球温暖化問題の実態に迫る。

Ａ５並製　二六四頁　**二八〇〇円**
（一九九八年一一月刊）
◇978-4-89434-113-5

「南北問題」の構図の大転換

新・南北問題
〈地球温暖化からみた二十一世紀の構図〉

さがら邦夫

六〇年代、先進国と途上国の経済格差を俎上に載せた「南北問題」は、急加速する地球温暖化でその様相を一変させた。経済格差の激化、温暖化による気象災害の続発——重債務貧困国の悲惨な現状と、「ＩＴ革命」の虚妄に、具体的数値や各国の発言を総合して迫る。

Ａ５並製　二四〇頁　**二八〇〇円**
（二〇〇〇年七月刊）
◇978-4-89434-183-8

超大国の独善行動と地球の将来

地球温暖化とアメリカの責任

さがら邦夫

巨大先進国かつCO^{2}排出国アメリカは、なぜ地球温暖化対策で独善的に振る舞うのか？　二〇〇二年のヨハネスブルグ地球サミットを前に、アメリカという国家の根本をなす経済至上主義と科学技術依存の矛盾を突き、新たな環境倫理の確立を説く。

Ａ５並製　二〇〇頁　**二二〇〇円**
（二〇〇二年七月刊）
◇978-4-89434-295-8

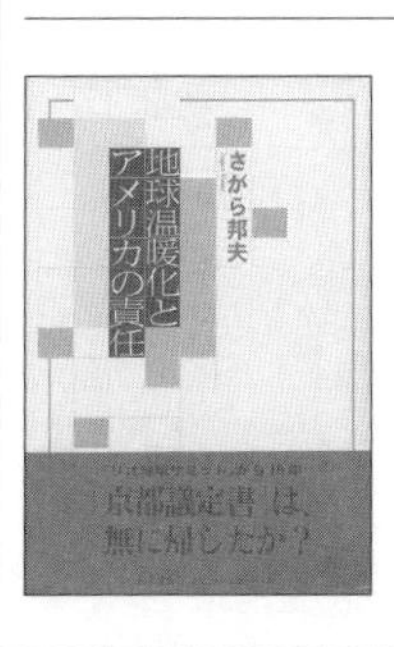

17年3月28日、産廃90万トン撤去実現

もう「ゴミの島」と言わせない

（豊島(てしま)産廃不法投棄、終わりなき闘い）

石井 亨

瀬戸内・香川県の豊かな島に産業廃棄物が不法投棄され、甚大な健康被害と環境汚染をもたらした「豊島(てしま)事件」。責任は行政の黙認にあるのか、事業者にあるのか？ 島民は一致団結できるのか？ 住民運動に身を投じ、県議会議員を二期務めるも、一転ホームレス状態にも陥った、闘争の渦中の人物が、四三年の歴史を内側から描く。

四六並製　四〇〇頁　**三〇〇〇円**
（二〇一八年三月刊）
◇978-4-86578-171-7

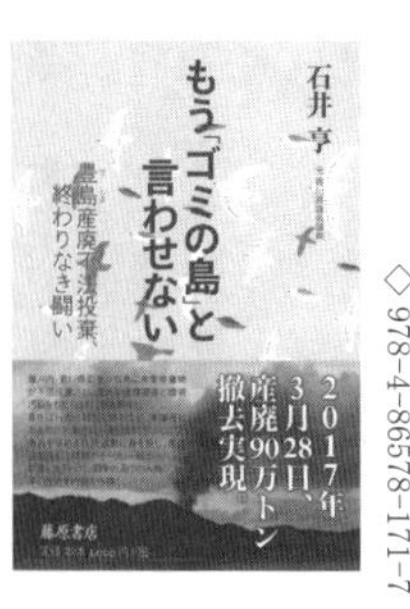

東京に野鳥が帰ってきた

鳥よ、人よ、甦れ

（東京港野鳥公園の誕生、そして現在）

加藤幸子

都市の中に「ほんものの自然」を取り戻そうと、芥川賞作家が大奔走。都会のまん中に野鳥たちが群れつどう「東京のオアシス」が実現された経緯を活き活きと描く。

四六並製　三一二頁　**二二〇〇円**
（二〇〇四年五月刊）
◇978-4-89434-388-7

国・行政の構造的汚染体質に警鐘

知の構造汚染

（クロム禍防止技術・特許裁判記録）

太秦清・上村洸

我々の身の回りのどこにでもあるコンクリートから六価クロムが溶出？ 未だ排出基準規制の設定もされず、その危険性が公になることもないままに汚染のみがただただ進む現状に警鐘を鳴らし、国、行政の不可解な対応、知る権利の侵害を暴く。

四六上製　二六四頁　**二〇〇〇円**
（二〇〇二年九月刊）
品切◇978-4-89434-304-7

秋田・大潟村開村五十周年記念

汝の食物を医薬とせよ

（〝世紀の干拓〟大潟村で実現した理想のコメ作り）

宮﨑隆典

〝世紀の干拓〟で生まれた人工村で実現した、アイガモ二千羽による有機農法とは？ 日本の農業政策の転変に直撃された半世紀間、本来の「八十八」の手間をかけたコメ作りを追求し、画期的な「モミ発芽玄米」を開発した農民、井手教義の半生と、日本農政の未来への直言を余すところなく記す！

四六並製　二二四頁　**一八〇〇円**
（二〇一四年九月刊）
◇978-4-89434-990-2